Paradigmas de diseño

Henry Petroski

Paradigmas de diseño

Casos históricos de error y buen juicio en ingeniería

modus laborandi

Colección Riesgos Humanos

Título original: *Design Paradigms. Case Histories of Error and Judgment in Engineering*

1.ª Edición, septiembre de 2009
Fotografía de cubierta: Puente de Brooklyn. ⓒⓒ Alan Cordova

Dirección editorial: Jesús Villena López
Traducción: Juan Manuel Iranzo Amatriain
Preproducción y diseño de cubierta: Sputnik producciones editoriales
Producción gráfica: PROCOGRAF

Emilio Carrere 4, 3.° B, 28015, Madrid
www.moduslaborandi.com

ISBN: 978-84-937117-4-0
Depósito legal: M-36411-2009

Impreso en Técnicas Gráficas Forma S. A., Polígono «El Caballo»,
Ctra. M-206 -Vía de Servicio-, km 0,4. 28890 Loeches (Madrid).

La editorial Modus Laborandi agradece los comentarios
de sus lectores, que pueden enviar a nuestra dirección de atención
al cliente: buzon@moduslaborandi.com

A William Petroski, P.E.
ingeniero y hermano

Índice

Prefacio

Posiblemente la mayor tragedia que subyace a los errores de diseño y a los fallos en que derivan es que muchos de esos fallos parecen con toda claridad ser evitables y, sin embargo, uno de los medios con más potencial para mejorar eficazmente la fiabilidad de la ingeniería parece ser asimismo el más desatendido. Los estudios históricos de caso entrañan un tesoro de sabiduría acerca de la naturaleza del diseño y del método de la ingeniería, a pesar de lo cual se hallan en gran medida ausentes de los planes de estudios de las ingenierías, quizá por lo claro que parece siempre lo mucho que el actual estado del arte ha avanzado respecto al de décadas, no digamos ya al de siglos o milenios atrás. Con todo, ese estado del arte a menudo no es más que una manifestación superficial —a la que se ha llegado principalmente a merced de herramientas analíticas y de cálculo— de lo que se comprende de la sustancia y el comportamiento de los productos de la ingeniería. Quien ponga en duda esta afirmación sólo tiene que reparar en los errores de diseño y en los fallos que se producen en el clima de autoconfianza —si es que no de desmedida soberbia— que se conoce por el nombre de «estado del arte».

En ingeniería, la naturaleza fundamental del diseño trasciende el estado del arte. De ello se sigue que los estudios de caso históricos que iluminan aquellos aspectos de la conceptualización, el juicio y el error que constituyen constantes eternas del proceso de diseño pueden ser unos recursos tan valiosos e importantes para comprender la tecnología y sus objetos como puedan serlo el cálculo o los programas informáticos más recientes. Las lecciones del pasado no sólo son ricas en advertencias sobre errores que no se deberían volver a repetir sino que también están llenas de modelos de buen juicio ingenieril.

Este libro propugna una mayor presencia y un uso más extendido de los estudios de caso históricos en los planes de estudio de ingeniería. Son muchos los beneficios directos y los subproductos culturales que se derivarían de ese empleo: los patrones de éxito y fracaso que han quedado patentes en la ingeniería a lo largo de los siglos se formularían de manera explícita y estarían inmediatamente disponibles para su extrapolación; las lecciones que aprendieron nuestros antepasados profesionales conservarían un lugar destacado en la conciencia de las siguientes generaciones de ingenieros; el conocimiento de los elementos intemporales del método de la ingeniería, que son comunes a especialidades ostensiblemente diferentes, podría proporcionar a los planes de estudios de ingeniería un fundamento teórico que sus estudiantes suelen echar de menos; un acervo común de anécdotas e historias de caso podría servir como una lengua franca entre los diversos campos de la ingeniería, apta para subrayar sus similitudes; y, por último, este uso podría contribuir a que los estudiantes de ingeniería adquiriesen una mayor conciencia de las raíces históricas de su profesión y de sus relaciones con la sociedad.

Este libro no tiene como propósito único ofrecer un modelo explicativo de cómo se introducen errores en el proceso de diseño; además, pretende aportar recursos merced a los cuales los diseñadores en ejercicio puedan evitar incurrir en errores similares en sus propios diseños. El empleo de breves anécdotas clásicas enmarcadas en situaciones de diseño familiares es un excelente medio para abstraer principios generales, que a la vez proporciona temas unificadores y lecciones útiles e inolvidables. No obstante, si simplemente nos limitásemos a narrar una larga lista de episodios familiares, y hasta trillados, de fallos de ingeniería clásicos, como la torre inclinada de Pisa o el puente de Tacoma Narrows, no realizaríamos la intención de esta obra. En sí mismos, los estudios de caso que ya son bien conocidos pueden no ser de utilidad para llegar a conclusiones nuevas sobre el diseño, o para eliminar los errores de diseño de manera general.

Lo que sí puede instruirnos en materia de diseño y mejorar nuestra práctica profesional como diseñadores es un grupo cuidadosamente seleccionado de historias o estudios de caso que ilustren aspectos diferentes —si bien con frecuencia imbricados— del proceso de diseño, y que por ello puedan servir como paradigmas tanto para la teoría como para la práctica. Para ser efectivo como paradigma de error, un estudio de caso particular no sólo debe ser susceptible de ser presentado como una narración novedosa y memorable (o al menos como un relato familiar expuesto desde una perspectiva nueva) sino que debe ser capaz también de evocar un sinfín de otros estudios de caso —o cuentos de terror— relacionados en una amplia variedad de disciplinas y contextos de ingeniería, demostrando así que, a través del tiempo, unos mismos errores, o similares, han llevado a reiterados fallos de diseño. Un caso de estudio paradigmático que satisfaga esta condición probablemente encarne un principio general de error de diseño capaz de resurgir en situaciones de diseño nuevas. En suma, el paradigma poseerá el doble valor de suministrar una guía para comprender el proceso de diseño y de proporcionar medios para mejorar dicho proceso al alertar al diseñador acerca de dificultades y escollos que emergen con frecuencia en la lógica del diseño.

La naturaleza anecdótica de los paradigmas presentados en este libro tiene por objeto inducir la evocación de asociaciones con situaciones reales en las que los diseñadores humanos se encuentran inevitablemente cada día. Nuestro principio rector ha consistido en seleccionar, explicar y validar un conjunto de paradigmas que ilustran de forma convincente cómo se introduce o se evita introducir ciertos tipos de errores en diversos aspectos del proceso de diseño. No obstante, esta colección de paradigmas no pretende constituir una clasificación única, singular, exhaustiva o definitiva de los errores de diseño, sino más bien y más modestamente poner de manifiesto la eficacia de este enfoque.

Nuestra compilación incluye también algunos ejemplos de fallos de ingeniería más recientes con el fin de subrayar que la construcción de un paradigma de base histórica no es un mero ejercicio académico, sino un empeño relevante hoy y que seguirá siéndolo para evitar errores en los diseños de ingeniería del siglo XXI. Hay buenas razones para creer que si lográsemos multiplicar y difundir efectivamente un conjunto persuasivo de paradigmas e historias de caso, podría llegar a convertirse en una parte tan importante de la caja de herramientas intelectual de un diseñador como lo son las leyes de la mecánica, las reglas prácticas generales o los modelos informáticos.

Este libro no va dirigido únicamente a los estudiantes de ingeniería; en él pueden encontrar también los ingenieros en activo un punto de vista diferente acerca de su profesión; y el lector general interesado en adquirir cierta comprensión del método de la ingeniería, una asequible introducción a la materia. Dado que las historias de caso concretas de este libro y las lecciones que de ellas se derivan tienen el propósito de ser accesibles a los estudiantes y a los profesionales de todos los campos de la ingeniería, y en todos los ámbitos, así como al lector general, he evitado la jerga técnica y he prescindido casi por completo de las ecuaciones. En consecuencia, para abordar este libro el lector no necesita otro requisito que una mente abierta a la idea de que lo que en su día hicieron los ingenieros de otros tiempos posee alguna relevancia para lo que los ingenieros están llevando a cabo en este momento.

El trabajo que acabó convirtiéndose en este libro fue posible en parte gracias a una beca de la National Science Foundation, por la que me siento agradecido. Bastantes capítulos han sido adaptados a partir de artículos que pasaron la revisión por pares y que publiqué en las siguientes revistas: *Journal of Engineering Design* (capítulo 1), *Research in Engineering Design* (capítulo 2), *Journal of Mechanical Design* (capítulo 3), *Structural Safety* (capítulo 4), *Civil Engineering Systems* (capítulo 5), *Structural Engineering Review* (capítulo 7), y *Journal of Perfomance of Constructed Facilities* (capítulo 8). Está previsto que gran parte del capítulo 6 aparezca en *Civil Engineering* y la mayoría de las ideas del capítulo 10 han visto ya la luz en la columna sobre ingeniería que escribo para *American Scientist*. Los comentarios de los revisores anónimos y de los editores de estas publicaciones me han ayudado mucho y con frecuencia han servido para centrar mejor esos capítulos; no obstante, cualesquiera errores que aún subsistan son naturalmente artefactos de mi propia humanidad.

Este manuscrito, como la mayor parte de mi obra más reciente, fue en primer lugar bosquejado en el pequeño despacho que Albert Nelius tuvo la gentileza de asignarme en la William R. Perkins Library de la Universidad de Duke. Aunque, como siempre, estoy en deuda con muchos bibliotecarios, tanto de Duke como a través de toda la red de préstamo interbibliotecario, una vez más debo destacar y expresarle un agradecimiento y un elogio especiales a Eric Smith, de la Biblioteca de Ingeniería Aleksandar S. Vesic de la Universidad de Duke. Sus conocimientos y su asistencia han sido indispensables. Como siempre, mi esposa, Catherine, ha comprendido mi necesidad de retirarme a mi estudio y ha continuado siendo mi lectora más ecuánime y justa.

1
Introducción

El concepto de fallo es capital para el proceso de diseño y es pensando en términos de la manera de evitar los fallos como se obtienen diseños que tienen éxito. Para los ingenieros y los diseñadores que ejercen como tales hace mucho que es prácticamente una obviedad que aprendemos mucho más de los fallos que de los éxitos. De hecho, la historia de la ingeniería está llena de ejemplos de fallos espectaculares que en su momento se creyó que constituían extrapolaciones fiables de diseños de éxito previos; fallos que a la postre revelaron los defectos latentes en la lógica del diseño que unos grandes factores de seguridad, junto con otras formas de conservadurismo en el diseño que con el tiempo fueron relajándose, habían ocultado inicialmente.

Los estudios de diseño que se concentran exclusivamente en cómo producir diseños como los que hasta el momento han tenido éxito pueden dejar de comprender por ello algunos de los aspectos fundamentales de un proceso de diseño que ya es suficientemente difícil de explicitar de por sí. Ahora bien, aunque los diseñadores profesionales se distinguen particularmente por su reserva, cuando no por evitar con toda determinación absolutamente cualquier discusión de su propia metodología, ha habido algunas notables excepciones (especialmente, por ejemplo, Glegg, 1973, 1981; Leonhardt, 1984), y cuando esos ingenieros han reflexionado sobre el proceso de diseño, han reconocido el importante papel que el fallo desempeña en él. Aunque con frecuencia sea sólo una parte implícita y tácita de la metodología del diseño, la toma en consideración de los posibles fallos y su análisis proactivo son esenciales para alcanzar el éxito, ya que es precisamente cuando esas consideraciones y ese análisis son incorrectos o incompletos cuando se introducen errores en el diseño que dan lugar a que, efectivamente, ocurran fallos. Entender cómo se cometen errores en el proceso de diseño y cómo se los puede evitar puede contribuir a eliminarlos, y además a iluminar el propio proceso de diseño.

Que el error desempeña un papel en el diseño acertado ha sido defendido explícitamente en el contexto de la ingeniería estructural *(cf.* Petroski, 1985), pero el argumento puede aplicarse por analogía a campos tan diversos en apariencia como las ingenierías aeroespacial, química, informática, eléctrica o mecánica. Alexander (1964) ha afirmado que cuando un diseñador no se limite sólo a copiar exactamente algo que ya se haya hecho antes, y que haya sido sancionado como un éxito —es decir, como aceptable—, será difícil predecir si ese diseño modificado o nuevo tendrá éxito o si ese éxito será duradero. Un edificio o un puente pueden ser considerados éxitos al dar un servicio impecable durante décadas, pero si se derrumban repentinamente tal vez descubramos que desde el comienzo estaba presente en ellos un grave defecto de diseño. Así, por ejemplo, se pensaba que las pasarelas colgantes del hotel Hyatt Regency de Kansas City eran lo bastante seguras como para soportar las multitudes que las transitaban, hasta que se vinieron abajo la tarde del viernes 17 de julio de 1981; y el puente sobre el río Mianus, cerca de Greenwich, Connecticut, sostuvo día tras día el intenso tráfico de la autopista interestatal 95 hasta que súbitamente se desplomó en la madrugada del 28 de junio de 1983.

Alexander afirma que identificar un fallo es algo que puede hacer «incluso la persona más simple», y ha señalado asimismo que si bien sólo unos pocos de entre nosotros poseen «capacidad interpretativa suficiente para inventar formas dotadas de una cierta claridad, todos somos capaces de criticar las formas existentes». Alexander juzga esta aseveración «un punto obvio» y admite que se remonta cuando menos a Pericles, a quien se atribuye haber afirmado que «aunque sólo unos pocos pueden idear una política, todos somos capaces de juzgarla». Por lo tanto, cuando una estructura se derrumba o un diseño no cumple lo que parecía prometer, las lecciones correspondientes deberían ser asequibles para todos, puesto que incluso a un jurado de personas legas en la materia se le supone la capacidad de pronunciar un veredicto legal de culpabilidad.

Por fácil que pueda ser reconocer los fallos una vez que se han producido, de los ingenieros se espera que sus diseños los prevean y prevengan. Alexander ha expuesto en detalle la idea del análisis proactivo de los fallos y ha ofrecido algunos ejemplos convincentes de cuánto más natural nos resulta percibir el fallo o «desajuste» entre una forma y su contexto que reconocer cuándo un diseño tiene éxito en, o es idóneo para satisfacer los requisitos que se esperan de él. De hecho, Alexander llega a afirmar incluso que:

No hay otro modo de plantear un problema de diseño que en términos de los errores que hemos observado en pasadas soluciones a problemas pretéritos. Incluso cuando intentamos diseñar algo que jamás se haya concebido antes para un propósito enteramente nuevo, el mejor modo de plantear el problema es prever todas las posibles maneras en que podría salir mal, repasando mentalmente todas las formas en que otras cosas han salido mal en el pasado.

En opinión de Lev Zetlin (1988), cuya eminente carrera como ingeniero especialista en diseño estructural ha incluido numerosos proyectos de gran envergadura:

> Los ingenieros deberían ser individuos levemente paranoicos durante la fase de diseño. Deberían contemplar e imaginar que lo imposible podría ocurrir. No deberían ser autocomplacientes, ni sentirse seguros con la mera aserción de que si se han satisfecho todos los requisitos que constan en los manuales y en los libros de texto de diseño, la estructura resultante habrá de ser necesariamente segura y sólida.

Más aún, según Zetlin (citado en Browne, 1983), lo que se precisa para mejorar los diseños y la fiabilidad de las estructuras es «una ingeniería preventiva y curativa». Y para aclarar lo que quiere decir con esto explica su propia técnica de diseño y evaluación: «Lo miro todo e intento imaginar el desastre. Siempre estoy asustado. La imaginación y el miedo se encuentran entre las mejores herramientas de que disponen los ingenieros para prevenir una tragedia». Nadie defiende que los ingenieros de hoy hayan de sentirse paralizados de terror ante el proceso de diseño; sin embargo, las afirmaciones de Zetlin no son sino un eco de algo que grandes ingenieros como Robert Stephenson y Herbert Hoover confesaron también: los largos desvelos que sufrieron por causa de problemas de diseño en los que no podían dejar de pensar ni siquiera después de haberse acostado por la noche. En lugar de considerarla como la maldición de la ingeniería, esta preocupación debería ser llevada por la profesión como una insignia de honor.

Otros ingenieros reflexivos han expuesto observaciones similares, y es que a fin de poder imaginar qué podría salir mal en el diseño que uno está desarrollando en este momento resulta claramente beneficioso saber qué salió mal en el pasado en el caso de otros. La sentencia de Santayana según la cual quienes no recuerdan el pasado están condenados a repetirlo debería resonar siempre gravemente en la mente de los ingenieros. Y parece que sería especialmente importante que hubiera una mayor reflexión sobre los fallos de diseño del pasado, a la vista del informe de un reciente grupo de trabajo de la National Science Foundation cuyo objeto de investigación era la presencia de errores, y que señala que «en muchos casos se repiten los mismos errores una y otra vez» (Nowak, 1986).

El registro documental de los diseños, así como de los fallos, de las grandes estructuras de ingeniería civil y de los sistemas de ingeniería mecánica se ha beneficiado de una mayor exhaustividad —en razón de su larga historia y de la gran escala de sus obras— y, en consecuencia, disponemos de unos archivos de información sobre ellos que no tienen parangón. Además, por el hecho de ser tan visibles y públicos, cabe esperar que el registro histórico de los fallos de las estructuras de ingeniería civil y de los grandes sistemas públicos sea más completo y tenga mayor alcance que el de otras clases de fallos, así como que sus informes técnicos cuenten frecuentemente con el suplemento de informes contemporáneos de índole no técnica que sitúen los fallos en su contexto social y humano más amplio, en el que necesariamente han de operar los ingenieros y en el que ocurren los errores.

Aunque los ejemplos que suelen usarse con más frecuencia para argumentar a favor del papel de los fallos en el proceso de diseño provengan de la ingeniería estructural, la concentración en este campo en modo alguno restringe la aplicabilidad de los conceptos generales involucrados. Y es así aunque los informes y análisis de fallos que con frecuencia contienen las publicaciones de las ingenierías informática, eléctrica, industrial y mecánica, entre otras, puedan parecer a primera vista muy alejados de los de aquélla.

La relevancia para otras aplicaciones ingenieriles de las lecciones aprendidas por la ingeniería estructural recibió especial énfasis en una extensa entrevista con un ingeniero especialista en la construcción de puentes publicada en una revista de la Association for Computing Machinery (Spector y Gifford, 1986), en cuya introducción figuraba la siguiente declaración: «Si bien algunos sistemas informáticos son más complejos que incluso los mayores puentes, la disciplina más veterana atesora un vasto patrimonio de experiencia y comprensión que puede ser útil para los diseñadores de sistemas de computación, en particular en áreas tales como la especificación, la estandarización y la fiabilidad». Los editores percibían con claridad que un campo muy joven podía aprender mucho por analogía de otro que tuviera una historia mucho más dilatada. Y resulta muy interesante que los fallos de puentes tuvieran un lugar destacado en dicha entrevista.

Un informe especial sobre la gestión de riesgos en grandes sistemas complejos, publicado en fechas aún más recientes en *Spectrum,* la revista del Institute of Electrical and Electronics Engineers (Bell, 1989), reiteraba la aserción del alcance general de las lecciones que pueden aprenderse de los fallos. En palabras de la introducción a dicho informe:

> Algunos de estos estudios de caso analizan sistemas que no son eléctricos ni electrónicos; no obstante, ponen de relieve prácticas de diseño o gestión cruciales, que son pertinentes para cualquier gran sistema, y enseñan lecciones importantes para cualquier ingeniero. Las diferencias de propósito y de diseño de los grandes sistemas tienen menos importancia que aquello que tienen en común.

Los fallos de las ingenierías aeronáutica y aeroespacial han recibido también una pródiga atención profesional, por no mencionar la amplia cobertura de los medios de comunicación. Algunos incidentes de la ingeniería nuclear, como la pérdida de refrigerante de la central de Three Mile Island, próxima a la ciudad de Harrisburg, Pensilvania, en 1979, o la explosión y el incendio de la central de Chernóbil, cerca de Kiev, en 1986, que emitió materiales radioactivos que recorrieron enormes distancias desde su origen en la Unión Soviética, se han convertido en tópicos manidos de las polémicas sobre los riesgos de la alta tecnología moderna. Las deficiencias de la ingeniería química han sido el centro de los debates en torno a accidentes industriales tales como el escape de gas tóxico de la planta de producción de insecticidas de la Union Carbide en Bhopal, India, en 1984, que mató a dos mil personas y causó perjuicios a más de ciento cincuenta mil. Los fallos de la ingeniería mecánica pueden causar muertes como consecuencia de la explosión de los depósitos de gasolina de coches y camiones, por no hablar de efectos mucho menos peligrosos para la vida humana pero igualmente de gran alcance como las campañas masivas de retirada de productos defectuosos o las demandas de responsabilidad civil por daños y perjuicios derivados del uso de tales productos. Y las ingenierías eléctrica y de *software* han tenido que hacer frente a cuestiones de fiabilidad y de confianza cuando se han producido apagones eléctricos o averías del sistema telefónico de carácter masivo que han perjudicado a decenas de millones de personas al mismo tiempo. En resumen, ningún campo de la ingeniería moderna está libre de los efectos de los fallos y sus inestimables lecciones.

Parece, pues, incuestionable que entender los fallos desempeña un papel clave en la producción de toda clase de diseños que estén exentos de errores y que, de hecho, todo diseño que culmina con éxito es el resultado de una apropiada y completa previsión de todo cuanto pueda salir mal. Síguese de esto, por consiguiente, que debería juzgarse cuanto menos deseable, si no obligatorio, que todos los ingenieros que trabajen en diseño estén tan amplia y profundamente familiarizados como sea posible con los fallos del pasado. Comprender, a partir de historias de caso, cómo y por qué se cometieron errores en otro tiempo no puede sino ser de ayuda para evitar errores en diseños futuros. Y cuanto más numerosas sean las historias de caso con las que un diseñador esté familiarizado, o cuanto más generales sean las lecciones que él o ella sea capaz de extraer de dichos casos, más probable es que pueda identificar tempranamente sus patrones de razonamiento erróneo cuando incurra en ellos y que pueda descubrir generalizaciones acerca de todo aquello que debe evitar.

Error humano

Muchos investigadores han reflexionado concienzudamente sobre las fuentes de los errores de diseño. Blockley (1980) ha afirmado tajantemente que, en último análisis, «todo error es un error humano, dado que son personas quienes deben decidir qué ha de hacerse; son personas quienes deben decidir cómo ha de hacerse; y son personas quienes deberán hacer lo que se haya decidido» (*cf.* FitzSimons, 1988). Habrá quien impugne la singular clasificación de errores de Blockley, pero está claro que el elemento humano aumenta las tasas de error y por ende reduce la fiabilidad de los artefactos y sistemas que diseñamos, en comparación con unas predicciones analíticas que, obviamente, pasan por alto o subestiman el elemento humano contenido en el diseño.

En opinión de Ingles (1979) los métodos estadísticos utilizados para cuantificar la variabilidad del diseño resultan insuficientes a menos que la naturaleza de la variabilidad y sus fuentes humanas se examinen de manera más meticulosa. Recientemente, Santamarina y Chameau (1989) han reiterado el problema y han subrayado de nuevo la necesidad de prestar atención al elemento humano presente en los métodos y prácticas del diseño. Nowak y Tabsh (1988) han afirmado que «la teoría de la fiabilidad se enfrentó a su mayor desafío cuando se compararon las probabilidades teóricas de fallo con las tasas reales de fallo [y] se descubrió que éstas excedían los valores teóricos en un factor de diez, cien o más». Y han identificado como la principal razón de esta discrepancia el hecho de que la teoría de la fiabilidad utilizada no tenía en cuenta el efecto del error humano. Multitud de estudios posteriores, como los citados en los trabajos de Blockley (1980) e Ingles (1979), entre otros, han establecido con claridad que existe la fuerte convicción de que solamente conseguiremos mejorar la fiabilidad del diseño cuando nuestras herramientas analíticas, numéricas y computacionales de diseño, ya altamente desarrolladas, se vean complementadas por mejores habilidades de «pensamiento-sobre-el-diseño». La inteligencia artificial y los sistemas expertos han sido saludados como soluciones promisorias al problema del error humano, pero no cabe duda de que hasta el diseño mismo de métodos de naturaleza informática se beneficiará de una mejor comprensión del error humano y de cómo reducirlo.

Podríamos aprender más sobre el error humano en el proceso de diseño partiendo de estudios de caso sobre errores y fallos de diseño reales. No obstante, como ha señalado Blockley (1980) en el contexto del diseño estructural, la naturaleza comercial de la ingeniería es contraria a que los análisis del error humano alcancen una amplia difusión, con la salvedad de aquellos casos de fallos que dieron lugar a alguna forma de investigación pública. En su opinión, aunque disponemos de buenas exposiciones de proyectos que han alcanzado el éxito, «es de estos de los que menos podemos aprender». La gravedad de la situación fue subrayada todavía más durante algunas sesiones de la Comisión de Ciencia y Tecnología de la Cámara de Representantes de los Estados Unidos (1984), que deploró la práctica de que los informes técnicos que los expertos ofrecen en los procedimientos legales abiertos para determinar las responsabilidades derivables de fallos de diseño se entreguen sellados. Esta práctica priva a toda la comunidad de diseño de compartir las inestimables lecciones que a resultas de esos fallos hayan podido aprenderse.

El error humano en la previsión de fallos sigue siendo el factor individual más importante en el hecho de que la fiabilidad de los diseños de ingeniería continúe estando lejos de alcanzar los elevados niveles que los materiales y los métodos de análisis modernos hacen posible. Esto se debe en parte a que, ante la disponibilidad de unas técnicas numéricas y analíticas de creciente refinamiento, ha disminuido el valor que se concede a la experiencia y el juicio de carácter ingenieril. Según el informe de un grupo de trabajo sobre la presencia de errores (Nowak, 1986), algunos observadores sostienen que la sociedad estima aceptable el actual nivel medio de riesgo, en tanto que otros señalan que los crecientes costes de responsabilidad legal demostrarían lo contrario. No obstante, sea cual sea la percepción de la sociedad, y puesto que los seres humanos están siempre presentes en los diversos sistemas estudiados en una vasta variedad de contextos históricos, geográficos y económicos, las discrepancias entre las predicciones y la realidad se han atribuido preeminentemente al elemento humano presente en los procesos de diseño, construcción y mantenimiento. La educación, la motivación y el control de calidad proporcionan formas claras, aunque no siempre fáciles de implementar, para disminuir el error humano en la fabricación, la construcción y el mantenimiento; sin embargo, las maneras de eliminar el error humano del proceso de diseño son mucho menos obvias.

En la actualidad disponemos de teorías muy elaboradas de las estructuras, y de programas informáticos multitarea muy complejos capaces de efectuar análisis muy refinados, pero ni éstos ni aquéllas han mejorado la fiabilidad del diseño de ingeniería.

De hecho, más de una investigación sobre los fallos de ingeniería ha llegado a la conclusión de que estos métodos de análisis refinados posiblemente serán incapaces de prevenir fallos futuros. El ingeniero geotécnico Ralph B. Peck (1981), refiriéndose a la construcción de presas, concluía que «entre los fallos recientes, nueve de cada diez no se debieron a insuficiencias del estado del arte sino a descuidos que podían y debían haberse evitado». Y señalaba que «los problemas son esencialmente no cuantitativos» y que «las soluciones son esencialmente no numéricas». Peck reconoce que las mejoras en los procedimientos de análisis y comprobación pueden resultar provechosas, pero considera también probable que «la concentración del esfuerzo a lo largo de estas líneas puede debilitar el esfuerzo que podría dedicarse a investigar los factores que intervienen en las causas del fallo». Después de pasar revista a una investigación sobre ochocientos fallos ocurridos en Europa, Hauser (1979) llegó a la conclusión de que «el modo más eficaz de mejorar la seguridad estructural o de reducir el esfuerzo general que se dedica a mantener un cierto nivel de seguridad estructural es refinar los métodos de comprobación de datos [para detectar errores de diseño] y no refinar los modelos de análisis». Muy poco ha cambiado esta preocupación durante la década siguiente *(cf.* Santamarina y Chameau, 1989), principalmente porque siguen produciéndose fallos estructurales en una proporción inesperadamente alta. De hecho, fue este estado de cosas el que, unido a las concomitantes cuestiones de fiabilidad, llevó a la American Society of Civil Engineers a elaborar un manual para la práctica profesional, *Quality in the Constructed Project.*

Es inevitable que en un diseño se cometan errores. Algunos diseños conceptuales son desde el principio simplemente malas ideas, y la facultad autocrítica del diseñador o la diseñadora deben entrar en juego para darse cuenta de ello y abandonarlas en la misma mesa de dibujo *(cf.* Petroski, 1985). Otros diseños se basan en conceptos fundamentalmente sólidos, pero pueden verse socavados por una desacertada elección de componentes, por un descuidado diseño de los detalles o por cambios de diseño en apariencia triviales, pero de hecho mal pensados. Es función de los trabajos de comprobación, los lleven a cabo el diseñador original o sus pares, detectar lapsus lógicos, errores de análisis, equivocaciones matemáticas o la omisión de un cálculo crucial. No obstante, con demasiada frecuencia, el proceso de revisión y comprobación —un componente integral del proceso mismo de diseño— resulta miope. El diseñador original puede continuar pasando por alto los mismos errores de acción u omisión una y otra vez y una lógica deficiente bien puede ganar la anuencia de sus pares (*cf.* Stewart y Melchers, 1989).

Alexander (1964) nos recuerda el hecho fundamental de que el objetivo principal del diseño y del estudio de su metodología es confeccionar mejores diseños, es decir, mejorar su fiabilidad. Tratar de inferir reglas de éxito a partir del proceso de diseño tal como se practica en el momento presente no es necesariamente el camino para alcanzar esa meta, puesto que es ese diseño, tal como se practica actualmente, el que no está logrando llegar a la altura del potencial de fiabilidad teóricamente posible o que de hecho se desea. Antes bien, hemos de mirar el proceso de diseño con nuevos ojos y aprender a identificar mejor las causas de los errores que le aquejan. Dado que el prototipo ideal de un diseño coronado por el éxito es aquel que prevé adecuadamente todas las formas relevantes y posibles en que pueda acontecer un fallo, resulta imperativo comprender cómo introducen errores en el proceso de diseño los diseñadores humanos.

En defensa de los estudios de caso históricos

Incluso cuando existe información sobre fallos contemporáneos y es accesible, pueden producirse entre los expertos honradas discrepancias acerca de la causa última de un fallo; y, no circunstancialmente, a causa de la propia naturaleza humana, a nuestra renuencia a ser enteramente francos por lo que respecta a nuestros propios errores. Así pues, incluso cuando se dispone de estudios de caso modernos, es posible que ofrezcan una perspectiva sesgada del proceso real de diseño debido a la existencia de demandas legales pendientes, a que haya reputaciones profesionales en juego o a compromisos intelectuales con las teorías del momento. Estas complicaciones y dificultades aconsejan que nos volvamos hacia los estudios de caso históricos en busca de ejemplos de error humano y de cómo enfrentarnos a él. Las nuevas herramientas teóricas y computacionales usadas en el diseño han vuelto obsoletas a las antiguas, pero la naturaleza misma del problema del diseño, así como la lógica del diseño y los procesos de pensamiento empleados para resolverlo, han permanecido esencialmente inmutables desde los tiempos más antiguos.

El diseño suele ser hoy una tarea realizada en colaboración y por consiguiente no es necesariamente un único individuo quien encarna todos los elementos del proceso. Reconociendo esta dificultad, Mainstone (en Pugsley, Mainstone y Sutherland, 1974) ha escrito que para él ha «resultado más fácil, en cierta manera, ponerse en el lugar de los diseñadores de otros tiempos... que hacer lo mismo en el caso de los equipos de diseño más característicos de hoy en día». Así pues, el estudio de los diseñadores antiguos puede complementar los estudios sobre los equipos de diseño actuales.

Siempre que los pensadores y diseñadores de más talento, sean clásicos o modernos, reflexionaron *motu proprio* sobre su oficio y las limitaciones que lo aquejan, nos proporcionaron datos de gran valor potencial acerca de la naturaleza del diseño en ingeniería, y cuya aplicación trasciende el estudio del caso concreto que inspirase su reflexión. Dado que todo diseño debe ajustarse necesariamente a constricciones de naturaleza tanto técnica como no técnica, los datos más significativos referentes al proceso de diseño tienden a ser los que sitúan un diseño dado en su contexto contemporáneo. Y como los fallos contienen más información no ambigua que los éxitos, los datos más fecundos que pueden ponerse a disposición de cualquier diseñador son o bien historias de casos de fallos o bien historias de casos en los que el fallo se evitó de manera consciente y explícita.

Los estudios de caso históricos y clásicos tienen la ventaja adicional de estar incardinados en un contexto más o menos estático y cerrado y por lo tanto se los puede considerar ejemplos virtualmente intemporales e inmutables. Los estudios de caso recientes tienen la desventaja de que a menudo son el foco de litigios o de investigaciones en curso, lo que no sólo los hace objeto de un formidable secretismo y de afirmaciones antagónicas, cuando no de una descarada tergiversación, sino que, consecuentemente, su interpretación está asimismo sujeta a modificaciones a medida que se dispone de nueva información. Aunque no existe ninguna duda de que los estudios de caso que en la actualidad son históricos se vieron en su día afectados por los mismos problemas humanos, y a pesar de estar sujetos también a lecturas revisionistas de la historia, cabe, sin embargo, contarlos, en general, entre las fuentes de datos más objetivas y naturales de que disponemos acerca del proceso de diseño.

Dado que en este momento nadie debería tener intereses creados en relación con el resultado de la investigación de unos errores de diseño que fueron cometidos hace un siglo o más, los estudios de caso históricos nos proporcionarán los datos primarios que precisamos para llevar a cabo investigaciones y experimentos controlados sobre las características de los errores humanos y las maneras de evitarlos en el diseño moderno. La perspectiva del tiempo posibilita además la participación igualitaria de todos en la utilización y la interpretación del registro histórico. Los estudios de caso persuasivos pueden explotarse para un doble propósito: explicar cómo se introducen o se evitan errores en el propio proceso de diseño y suministrar un medio para eliminar el error en diseños futuros.

A pesar de servirse profusamente de unas matemáticas y unos modelos computacionales muy complejos y refinados, la mente humana interviene en el diseño actual fundamentalmente del mismo modo que en la época de los primeros constructores. Esto está implícito en la descripción clásica de Ferguson (1977) del aspecto no verbal del diseño conceptual (a saber, que se basa más en dibujos que en palabras o números) y es evidente en todos los intentos contemporáneos de modelar el proceso de diseño y su metodología mediante inteligencia artificial y sistemas expertos (*cf.* Ferguson, 1992). Aunque usamos profusamente el término «método de la ingeniería», el caso es que su definición precisa resulta curiosamente esquiva y todavía está pendiente de encontrar expresión en una forma que concite un consenso universal. No obstante, a pesar de su indefinición, el método de la ingeniería se practica, de la misma manera que somos capaces de atarnos los cordones de los zapatos aunque el paquete de cordones que hemos comprado no incluya instrucciones escritas sobre cómo hacerlo. Lecciones aparentemente tan obsoletas y tan simples y evidentes por sí mismas, aparentemente, como hacer una lazada pueden procurarnos una comprensión real de algunos de los aspectos más fundamentales del diseño en ingeniería y de su método.

Vitrubio, escribiendo acerca del estado del arte en el primer siglo a. C., relató de forma básica algunas historias de casos de fallos que incluían referencias a problemas que debían evitarse al levantar muros, así como la historia de un tal Paconio, un ingeniero-contratista a quien se confió el transporte de un pesado pedestal de mármol. Evidentemente, con el fin de obtener el encargo, Paconio se apartó de la práctica aceptada y concibió un nuevo modo de embalar el pedestal aproximadamente cúbico: dentro de un contenedor de madera con forma de carrete en torno al cual ató una maroma para arrastrarlo. Pero el nuevo sistema fracasó y a primera vista puede parecer que la moraleja que Vitrubio extrae de la narración del episodio de Paconio consiste meramente en desaconsejar las desviaciones de la tradición. Si uno hace las cosas como se han hecho siempre no corre el riesgo de fallar. Sin embargo, a partir de las historias de los proyectos fallidos que narra Vitrubio es posible extraer lecciones bastante más sutiles, lecciones que desarrollaremos en los capítulos 2 y 3.

Galileo, el científico del siglo XVII en cuya obra *Diálogos acerca de dos nuevas ciencias* se encuentra lo que se cree es el primer intento de ofrecer una base analítica para el diseño de vigas destinadas a soportar cargas determinadas, advirtió también de la responsabilidad del agente humano en la realización correcta, o incorrecta, de las cosas. El tratamiento seminal de Galileo sobre resistencia de materiales vino motivado por algunos episodios de fallos estructurales que resultaban inexplicables para el estado del arte de la construcción naval y la práctica de la edificación de la época. Huelga decir que fueron los ingenieros del Renacimiento quienes cometieron los errores humanos que fueron la causa última de los fallos, y que éstos se debieron a su incompleta comprensión de los principios en que se basaban para hacer y construir cosas. No obstante, en lugar de aconsejar que no se realizasen más intentos de extrapolar a partir de los diseños probados, Galileo se propuso establecer los fundamentos de una nueva ciencia de la ingeniería que diese a los futuros ingenieros las herramientas mentales y analíticas que les capacitasen para eliminar el error de sus concepciones y sus extrapolaciones. Estos temas serán elaborados en detalle en los capítulos 4 y 5.

Así pues, la tradición moderna que emplea los fallos para poner al descubierto la ignorancia, en lugar de usarlos con el propósito de sofocar la innovación, tiene un modelo en Galileo. Hacia el siglo XIX, cuando aquellos rudimentarios esfuerzos para evaluar la resistencia de los materiales se habían desarrollado ya hasta transformarse en teorías de vigas y estructuras que hacían posible que los ferrocarriles extendieran sus trazados sobre grandes puentes de hierro, un ingeniero de la talla de Robert Stephenson propugnaba en Gran Bretaña la publicación de historias de casos de fallos. «Nada resulta más instructivo para los miembros jóvenes de la profesión que los informes sobre accidentes», escribió Stephenson, y también que «los ingenieros de más edad han obtenido su más útil acervo de experiencia de la observación de los fallos ocurridos en sus propias obras o en las de otros, y ha sido de la máxima importancia que todos ellos fueran fielmente registrados en los archivos» (citado en Whyte, 1975).

Stephenson hablaba por experiencia, pues a consecuencia del fallo de su propio puente sobre el río Dee, en Chester, al noroeste de Inglaterra (descrito en el capítulo 6), en 1847, había aprendido a proceder con extremada cautela en el caso de que sus diseños se apartaran de la práctica habitual. Los numerosos fallos de los primeros puentes colgantes le llevaron asimismo a proponer una alternativa brillante, aunque cara, su puente tubular Britannia, levantado a través del estrecho de Menai, al noroeste de Gales (capítulo 7). Sin embargo, John Roebling, que trabajaba aproximadamente por la misma época en los Estados Unidos, tras estudiar los mismos casos llegó a una conclusión diferente (capítulo 8). En lugar de sentirse inducido a abandonar el económico principio del puente colgante, Roebling aprendió de los fallos precedentes qué contingencias debía prever su diseño y qué errores debía evitar. En el diseño del puente sobre el cañón del Niágara, entre el oeste del Estado de Nueva York y Canadá, Roebling se sirvió del análisis conceptual de fallos para eliminar los puntos débiles que determinaron la caída de los puentes que habían fallado. Y lo que fue capaz de aprender de esos fallos tuvo el suficiente calado como para que, andando el tiempo, consiguiese duplicar la longitud del puente sobre el Niágara en el diseño de su obra maestra, el puente de Brooklyn, terminado póstumamente en 1883.

En el medio siglo siguiente al logro del puente de Brooklyn el diseño de los puentes colgantes evolucionó en un clima de éxito continuo y amnesia histórica selectiva (como se describe en el capítulo 9), hasta llegar al puente de Tacoma Narrows. Hoy, medio siglo después del colosal desplome de ese puente, existen razones para sentir preocupación por la posibilidad de que el diseño de nuevos tipos de puentes se esté llevando a cabo sin tomar en consideración los ostensibles ciclos previos de éxito y fracaso. Como expone el capítulo 10, el registro histórico de los fallos de puentes contiene ciertos patrones, inquietantemente regulares, que, si no son reconocidos y tenidos en cuenta, pueden inadvertidamente seguir produciéndose. La forma más segura de romper los patrones de fallo establecidos y asegurar que los diseños del futuro tengan más éxito y sean más fiables quizá consista en poseer esa familiaridad con los detalles de los errores del pasado que sólo puede conseguirse merced a los tipos de estudios de caso aquí presentados.

2
Paconio y el pedestal de Apolo
Un paradigma de error en el diseño conceptual

Pueden ocurrir errores en cualquier etapa del proceso de diseño, pero los errores fundamentales que se cometen en la etapa del diseño conceptual posiblemente se encuentran entre los más difíciles de detectar. De hecho, esta clase de errores tiende a quedar de manifiesto sólo cuando se pone a prueba un prototipo, a menudo con resultados completamente inesperados o desastrosos. Estos errores, más que cualquier otra clase de error de diseño, son invariablemente errores humanos; no en vano, un diseño conceptual surge exclusivamente del acto creativo, privativamente humano, que transforma algún concepto privado surgido de la mente de un diseñador en un concepto público que puede ser descrito a, y modificado por otros seres humanos. El acto creativo del diseño conceptual es fruto de un pensamiento no verbal (Ferguson, 1977, 1992) y, como tal, su primera forma pública suele consistir en un mero bosquejo o en un dibujo. Desde el momento en que el diseño se articula en la mente, o en palabras, o en dibujos sobre un papel, se puede percibir intuitivamente ya si su concepto es fundamentalmente erróneo, lo cual posibilita el descartarlo categóricamente. Pero si el diseño contiene un error básico que logra pasar inadvertido, ese error tiende a ser cada vez más difícil de detectar en las fases subsiguientes, a medida que el diseño progresa a través de las etapas evolutivas de modificación y diseño detallado.

Cualesquiera que sean los esquemas de clasificación que puedan emplearse y cualesquiera las distinciones que puedan trazarse entre fases identificables como netamente diferentes dentro del proceso de diseño, el acto creativo del diseño conceptual seguirá siendo tan antiguo como la civilización misma —pues se puede aducir que tal diseño es condición necesaria para la existencia de cualquier civilización. Más aún, puesto que es patente que, en su fase más fundamental, el diseño conceptual no incluye ningún componente teórico o analítico moderno, no hay razón para creer que exista ninguna diferencia esencial entre el modo en que nuestros antepasados más antiguos concebían sus diseños y la manera en que nosotros mismos continuamos concibiendo los nuestros. Por lo mismo, tampoco hay ninguna razón para creer que exista alguna diferencia esencial entre las formas en que nuestros ancestros cometían sus errores de concepción y las maneras en que nosotros podemos errar en nuestras concepciones actuales y, en consecuencia, seguir adelante con diseños equivocados hasta culminar su ejecución y presenciar su subsiguiente fracaso.

Escrito por el romano Vitrubio en el siglo primero de nuestra era, y generalmente considerado como el libro de ingeniería más antiguo que ha llegado hasta nosotros, *De arquitectura* (también conocido como *Los diez libros de arquitectura),* compendia el estado del arte de la construcción en la Grecia y la Roma antiguas. En un pasaje de esta obra, Vitrubio ofrece un estudio de caso sobre un fallo de diseño que puede considerarse como un paradigma de error en el diseño conceptual. El estudio relata la ruina del contratista romano Paconio a resultas de una operación en la que debía transportar un enorme pedestal de piedra, y en la que, a fin de reducir los costes, introdujo lo que creyó que no eran sino unas ligeras modificaciones del método clásico para mover fustes de columnas y arquitrabes —las piezas rectangulares de piedra que salvan la distancia entre la parte superior de las columnas en los templos antiguos, entre otras estructuras.

Razones económicas y estéticas, amén de otras razones funcionales no técnicas, han guiado siempre la evolución del diseño. La historia del pedestal de Paconio pone de manifiesto de un modo particularmente claro con qué facilidad un diseñador que se concentre en satisfacer en detalle un tipo de objetivo puede dar por buenas modificaciones que, en retrospectiva, demuestran ser desastrosas para el funcionamiento de la máquina, la estructura o el proceso que constituían el propósito primordial del diseño.

Junto con la historia del error de Paconio, este capítulo ofrecerá una justificación de los cambios que éste introdujo en su diseño, en un contexto que pone de relieve cómo pudieron parecer racionales y acertados entonces. Mostrará asimismo cómo, de hecho, esos cambios de diseño pudieron haber sido sugeridos por un razonamiento que parecía ofrecer soluciones a objeciones que se habían planteado a diseños anteriores y además evitar aquellas características de diseños precedentes a las que se había atribuido la incapacidad de satisfacer ciertos criterios de diseño. Una vez concluida la discusión de cómo pudo haber racionalizado y defendido Paconio su concepción ante sus contemporáneos, realizaremos un análisis de su fallo de diseño y extraeremos algunas lecciones. Tomados en conjunto, el relato acerca del antiguo diseño de Paconio, su racionalización y el análisis del fallo constituyen un paradigma que arroja luz sobre el proceso del diseño conceptual. La comprensión de este paradigma posee la potencialidad de eliminar errores semejantes de diseños actuales y futuros.

Algunos antecedentes del caso de Paconio

Pocos diseños surgen de la nada, de modo que la mejor manera de comenzar la historia de cómo concibió Paconio su plan para trasladar un gran pedestal de piedra desde la cantera donde fuera tallado hasta el templo de Apolo en Selinus consiste en ofrecer algunos antecedentes sobre el cómo y el porqué de la forma en que se transportaban grandes piedras en el mundo antiguo. El problema de diseño básico era, incluso entonces, antiguo: transportar sin que se quebrasen enormes bloques de piedra destinados a ser empleados como fustes de columnas, arquitrabes, pedestales u otros elementos monumentales semejantes. Con frecuencia, existían entre la cantera y el lugar de la construcción obstáculos naturales, como cursos fluviales u otras masas de agua, o terrenos de firme abrupto y sin nivelar, así como áreas urbanizadas donde se encontraría con vías estrechas y lugares por los que el paso estaba vedado. A causa del enorme peso de esas piedras, cuando se utilizaban carros para su transporte también estos debían ser muy robustos y pesados y había que evitar que sus ruedas quedasen atascadas en terrenos blandos. Los diversos procedimientos usados para vencer tales obstáculos, descritos a menudo y generalmente bien conocidos, incluían el empleo de barquillas, rodillos, trineos y otros medios similares. No obstante, en determinadas circunstancias se desarrollaron métodos ingeniosos que parecían ofrecer ventajas claras sobre las técnicas más familiares. Las narraciones que exponen la evolución de esos diversos métodos constituyen relatos clásicos sobre el proceso de diseño y rediseño, y deberían persuadir a los diseñadores actuales y a los estudiantes de diseño acerca de la naturaleza atemporal de dicho proceso. Aunque nuestros problemas sean diferentes, nuestras técnicas estén más desarrolladas y nuestras herramientas físicas y analíticas hayan alcanzado mayor refinamiento, bajo todas esas mejoras superficiales en la concepción y realización de artefactos subyacen todavía las mismas características fundamentales del acto de diseño.

Según Coulton (1977), el procedimiento corriente que con mayor probabilidad se habría elegido en esa época para transportar grandes bloques de piedra a lo largo de distancias horizontales habría sido el empleo de carros o carretas tirados por bueyes (*cf.* Burford, 1960). Pero los bloques de mayor peso ponían a prueba la resistencia de los ejes y hacían que las cuatro ruedas ejercieran una presión considerable sobre la superficie del suelo o de la vía, lo cual posiblemente motivó el diseño de carretas de seis u ocho ruedas. Estas carretas mejoradas comportaban nuevos problemas, como determinar el modo de distribuir la carga de forma efectiva sobre los ejes adicionales o la manera de conducir un vehículo tan poco maniobrable. Los trineos ofrecían un medio para transportar grandes pesos a través de suelo blando y una alternativa, tanto al trineo como a añadir más ruedas, era utilizar ruedas más anchas. El principio de esta solución parece haber sido introducido en fecha tan temprana como el siglo VI antes de nuestra era en la edificación del templo de Diana en Éfeso, uno de los primeros templos de dimensiones colosales construidos en Grecia.

Vitrubio narra cómo Quersifrón, «desconfiando de las carretas, por temor a que, por causa del gran peso de la carga, sus ruedas se hundieran en los blandos caminos de la llanura» que separaba la cantera de la localización del templo, concibió un nuevo plan. Como sucede con todos los planes nuevos, Quersifrón se concentró en, y modificó aquellas características de un método anterior que habían sido la causa de que fallase en alguna ocasión, o que ponían en peligro el éxito de su aplicación en las circunstancias del caso. En primer lugar, advirtió que un modo de evitar que las ruedas se hundieran con facilidad en el llano era hacerlas más anchas. Más aún, si unas ruedas más anchas eran mejores, las ruedas más anchas posibles serían consecuentemente las óptimas. Yendo aún más allá, si se diera el caso de que los ejes de la carreta continuasen estando bajo una tensión límite, entonces suprimirlos eliminaría sin la menor duda toda posibilidad de que se partieran. Quersifrón consiguió su objetivo de manera efectiva prescindiendo por completo de la carreta, con sus ruedas y sus ejes. En lugar de cargar los fustes cilíndricos de las grandes columnas en carretones, usó cada fuste mismo como una ancha rueda, como un rodillo. Empleó hierro y plomo para fabricar unos pivotes que encajasen en el centro previamente horadado de cada uno de los dos extremos planos de la piedra y ajustó un bastidor de madera en torno a ella para que pudiera ser arrastrada sobre el suelo como un gigantesco rodillo. La columna no sólo no se hundía con tanta facilidad en el terreno blando sino que era más fácil tirar de ella y, en consecuencia, requería el empleo de menos bueyes. Este sistema se muestra en la ilustración 2.1.

Ilustración 2.1. Procedimiento de Quersifrón para el transporte de columnas circulares. (Larsen, 1969).

Una vez se hubo ingeniado un método satisfactorio para transportar los fustes de las columnas hasta la ubicación del templo, resultó deseable transportar los arquitrabes de un modo igualmente efectivo. La sección transversal de estas piedras es cuadrada o rectangular, por lo que, obviamente, no podían servir directamente como ruedas; sin dejarse desalentar por ello, Metagenes, el hijo de Quersifrón, ideó una inteligente modificación del procedimiento: utilizó la propia piedra que debía transportar como un gran eje en torno a cuyos extremos construyó dos anchas ruedas, de más de tres metros y medio de diámetro, en cuya cara externa encajó los cubos dentro de los cuales giraban los pivotes de un bastidor de madera del tipo utilizado por su padre. El sistema, representado en la ilustración 2.2, fue un éxito y ofrecía la ventaja adicional de permitir transportar columnas de fuste troncocónico, que habría sido imposible arrastrar por el método de Quer-

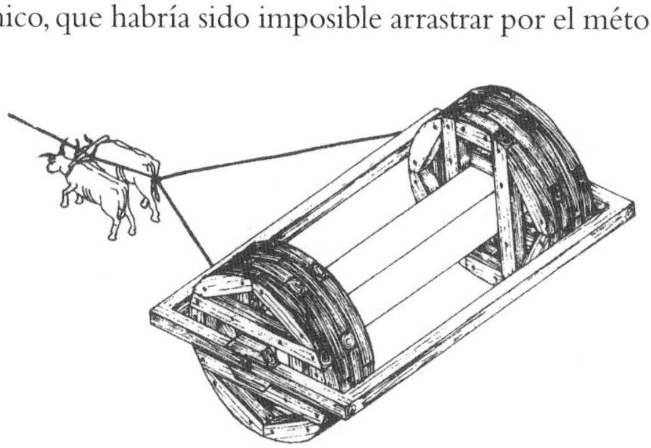

Ilustración 2.2. Procedimiento de Metagenes para transportar arquitrabes (Coulton, 1977, con autorización de Cornell University Press).

sifrón. Éste, junto con Metagenes, publicó un libro sobre sus innovadores diseños, libro que, evidentemente, fue la fuente de la familiaridad de Vitrubio con esta historia.

El sistema de Paconio, génesis y ventajas

Casi contemporáneo de Vitrubio, también Paconio parece haber leído, o al menos haber oído hablar de los nuevos métodos para transportar grandes elementos de piedra, ya que para transportar el gran bloque de piedra (aproximadamente 3,66 × 2,44 ×1,83 metros) que se necesitaba para sustituir el pedestal agrietado de la estatua del dios Apolo en el templo de Selinus propuso una modificación del procedimiento de Metagenes. Diferentes limitaciones que condicionaban el diseño lo indujeron a no replicar el método de éste. Los extremos de las columnas y los arquitrabes quedaban ocultos a la vista una vez concluida la construcción del templo, por lo que el hecho de perforar en ellos el asiento de los cubos donde encajaban los pivotes en torno a los que giraban carecía de importancia; sin embargo, los extremos del pedestal serían claramente visibles, lo cual descartaba el desfigurarlos meramente para facilitar su transporte. Renunciar a los cubos para los pivotes significaba que no sería fácil emplear un bastidor de madera para el transporte, de modo que habría que idear un sistema diferente para arrastrar la piedra. Naturalmente, seguía siendo posible construir dos ruedas de madera en los extremos del pedestal y Paconio concibió la idea de unir ambas ruedas, de algo más de cuatro metros y medio de diámetro, mediante unos travesaños que fueran de una a otra, formando así un gran tambor de madera. Los bueyes tirarían de una cuerda atada en torno a ese tambor, de modo que, al parecer, Paconio imaginó que éste rotaría a lo largo del recorrido y que, por lo tanto, la enorme piedra del pedestal sería transportada dentro de un embalaje protector con forma de jaula, tal como se representa en la ilustración 2.3. La cuerda podría haberse enrollado directamente en torno al centro de la piedra, pero Paconio no pensó en ello o quizá temió que erosionase las aristas del pedestal o tal vez identificó algún beneficio mecánico en el hecho de atar la cuerda en torno a una rueda de mayor diámetro.

Cabe pensar que, para el procedimiento que propuso, Paconio desarrolló un diseño que era la evolución natural de los sistemas utilizados con éxito por Quersifrón y Metagenes. El procedimiento de éste para transportar arquitrabes sin duda habría servido también para transportar

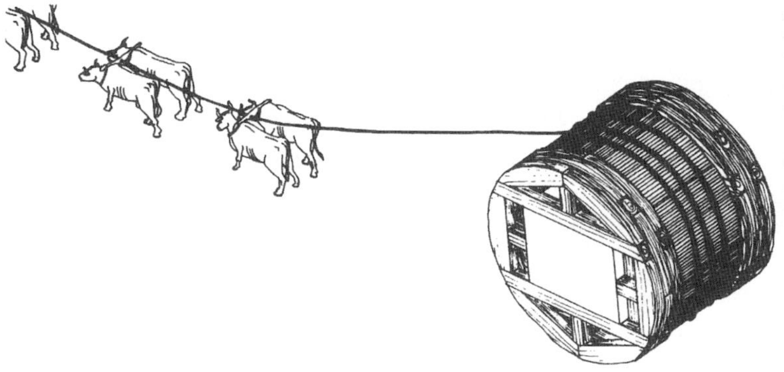

Ilustración 2.3. Método de Paconio para el transporte del pedestal de la estatua de Apolo (Coulton, 1977, con autorización de Cornell University Press).

el pedestal, pero los cubos que habría habido que perforar en él para encajar los pivotes lo habrían estropeado. El objetivo prioritario de Paconio parece haber sido modificar el método de Metagenes de forma que no fuera necesario horadar la piedra. Por descontado, habría sido posible construir en torno a los extremos del pedestal unas ruedas de mayor diámetro, y más anchas, aptas para abrir en sus gruesos costados los cubos de los pivotes; y puede parecer que si alguna modificación hubiera debido resultar más natural introducir, debería haber sido ésta. Sin embargo, el resultado inevitable de hacerlo así habría sido un conjunto de una anchura aún mayor que la que habría resultado del método de Metagenes. La piedra que se iba a transportar debía reemplazar un pedestal agrietado en un templo ya erigido y es probable que en el trayecto desde la cantera hasta el templo hubiera edificios alineados formando calles estrechas y otros puntos de paso limitado. Estas limitaciones podrían haber movido a Paconio a buscar formas de estrechar, en lugar de ensanchar su mecanismo.

Aunque en aquel momento alguien le hubiera preguntado cómo se le había ocurrido modificar la idea de Metagenes de usar el pedestal como un eje y transformarla en la de construir un tambor protector en torno a él, es posible que Paconio no hubiera sido capaz de explicar su razonamiento con palabras. Un diseño conceptual como el de Paconio acaece en un modo de pensamiento no verbal (*cf.* Ferguson, 1977) y, en consecuencia, puede suceder que no existan los recursos verbales o lógicos que permitirían racionalizarlo. No obstante, una vez que la iluminación, la inspiración, el salto de la imaginación, o como se lo quiera llamar, ocurre, las capacidades verbales y lógicas del diseñador están ciertamente a su disposición para comunicarse con otros ingenieros, clientes u operarios, que podrían bien criticar y modificar su diseño, o bien aceptarlo, financiarlo y llevarlo a cabo. En el caso del sistema de Paconio, había razones más que suficientes para que pareciera una innovación trascendental y, en consecuencia, para que fuese adoptado sin vacilación.

El sistema de Paconio no sólo evitaba que la piedra sufriese daños sino que parecía un método muy económico, con numerosas ventajas claras sobre el de Metagenes. Pese a su brillantez y eficacia, y como sucede invariablemente con todos los diseños que acaban por convertirse en familiares, los años de utilización de ese método habían ido revelando ciertos inconvenientes característicos. Primero, todo el proceso de perforar los orificios en los extremos de las piedras, encajar en ellos los cubos de hierro y plomo, construir el pivote, emplazarlo en el punto correspondiente del bastidor de madera y ajustar todo el mecanismo para que girase de forma suave y fiable debe haber requerido unas habilidades artesanales, una coordinación de esfuerzos y un tiempo mucho mayores que los precisos para, sencillamente, añadir algunas maderas con que unir las ruedas. Segundo, el dispositivo de pivotaje debe haber necesitado regularmente de mantenimiento y ajuste a lo largo de todo el trayecto desde la cantera hasta el lugar de la construcción. Tercero, debe haber sido preciso tirar con sumo cuidado del eje, carente de todo soporte entre ambas ruedas, en el que se había convertido el bloque de piedra, a fin de evitar que se rompiera por efecto de algún brusco traqueteo. (Algunas de las piedras que Metagenes transportó a lo largo de una distancia de varios kilómetros medían más de seis metros de largo y pesaban hasta cuarenta toneladas. Debieron haberse producido algunos contratiempos en Éfeso, porque en Selinus las ruedas empleadas para transportar piedras semejantes no se construyeron en los extremos de éstas sino aproximadamente a un cuarto de su longitud total por cada lado [Coulton, 1977], lo cual habría reducido a la mitad tanto los momentos flectores máximos como las tensiones).

El sistema de Paconio no sólo parecía superar algunas de las objeciones que podían hacerse al método de Metagenes sino que debió parecer que poseía algunas ostensibles ventajas nuevas. Además del patente ahorro de mano de obra y materiales necesarios para construir el dispositivo, la técnica del tambor parecía ofrecer cierta mejora mecánica sobre la combinación de eje y rueda. Si el tamaño de las ruedas utilizadas, así como el número de bueyes, era aproximadamente el mismo, el momento de fuerza angular que la soga que tiraba de lo alto del carrete ejercería sobre la carga sería el doble que el de una cuerda amarrada a un bastidor en el que estuvieran engastados los pivotes centrales sobre los que giraría la pieza arrastrada. Así pues, sería posible acarrear cargas más pesadas con igual número de bueyes o emplear un número menor de bestias para transportar la misma carga. En general, Paconio parecía haber encontrado un método que tenía numerosas ventajas y ninguna desventaja con respecto al sistema de Metagenes.

El método de Paconio: realización y análisis de su fallo

Dice Vitrubio que Paconio modificó el método de Metagenes «con confiado orgullo», pero en la práctica su sistema no funcionó como prometía y «Paconio se encontró en tales dificultades financieras que hubo de declararse insolvente». Vitrubio no narra cómo llegó finalmente el pedestal a su pretendido destino, ni siquiera si llegó, pero sí nos explica las razones por las que un sistema aparentemente tan brillante falló. Incluso hace dos mil años era obvio que comprender qué había fallado en un diseño posiblemente fuera más importante incluso que saber que había funcionado correctamente. De hecho, fue precisamente la identificación y eliminación de los defectos del método de Metagenes lo que condujo a las aparentes mejoras que concibió Paconio, mientras que su negligencia en la anticipación de los defectos de su propio dispositivo fue lo que llevó a que éste, en último término, no consiguiera cumplir su función. En tanto en cuanto no exista el deseo de mejorar los diseños, puede bastar con concentrarse en los factores de éxito, pero tan pronto como se contemple introducir cambios en el diseño, y se introduzcan, únicamente una correcta comprensión, percepción y previsión de los posibles fallos librará al diseñador de verse en una situación, financiera y profesional, embarazosa.

¿Qué falló en el sistema ideado por Paconio? Según Vitrubio, una vez se hubo construido el gran tambor de madera y se enrolló en torno a él la cuerda de tracción, se uncieron los bueyes y se los aguijó para que tirasen de ella. Sin embargo, «al desenrollarse la cuerda hacia un lado causaba, en efecto, que las ruedas se desviasen, de modo que no se conseguía que rodasen en línea recta, sino que no dejaban de girar hacia un lado». Así pues, resultó que era necesario realinear continuamente el cilindro con el camino. (El sistema de Metagenes no adolecía de este problema porque la sujeción de las cuerdas a los extremos del bastidor proporcionaba un medio relativamente sencillo de realinearlo continuamente). Además, como la cuerda se desenrollaba del tambor de Paconio al ritmo de avance de los bueyes, debió haber sido inevitable tener que hacer retroceder a éstos a menudo, una y otra vez, para volver a enrollar la cuerda. Lo que había parecido en principio un sistema brillante y económico resultó un desastre en la práctica. Y ni Paconio ni ninguno de sus colegas, ni de sus competidores pareció haber previsto que el diseño tendría ese problema o, en el caso de haber llegado a la conclusión de que no funcionaría, fueron incapaces de ofrecer un argumento lógicamente convincente que fuera capaz de evitar que el proceso de diseño e implementación siguiera adelante hasta su bochornoso fracaso.

Aunque Vitrubio no proporciona muchos detalles sobre el fallido sistema de Paconio, podemos adoptar este episodio como paradigmático del proceso de diseño y preguntarnos qué podría haberse hecho para prevenir que un diseño conceptual fundamentalmente erróneo llegase tan lejos como lo hizo. ¿Y si, por ejemplo, alguien le hubiera pedido a Paconio que construyera un modelo a escala de su dispositivo para evidenciar cómo funcionaría? Claramente, como podemos comprobar por nosotros mismos usando una pequeña bobina de hilo, es difícil —aunque no imposible— hacer que el cilindro ruede en línea recta sin tirar del hilo de un lado a otro. Quizá Paconio, tan seguro de sí mismo como estaba, hubiera descalificado la demostración del modelo; podría haber argumentado que el peso, la fricción y la estabilidad serían tan grandes en el caso de su enorme carrete que el comportamiento del modelo a escala resultaba irrelevante. El peso de la prueba habría recaído de nuevo sobre los hombros de quienes cuestionaban el sistema. (El capítulo 3 presenta un ejemplo que muestra que incluso los modelos a escala que funcionan pueden resultar engañosos).

Si se hubiera utilizado un modelo habría sido evidente que, al rodar el cilindro sobre el firme, los bueyes se alejarían de él a la misma velocidad a la que éste avanzase y la misma distancia que él recorriese. Esto podría haber sugerido la pregunta de qué ocurriría al encontrar giros o curvas en el camino, ya que la cuerda seguiría tirante y no trazaría el viraje. Tal vez Paconio o alguien que desempeñase la función de detectar y eliminar los errores pensó en esta objeción lógica a su método y puede que ésa sea la razón de que se decidiera enrollar en torno al tambor una cuerda relativamente corta; pero si esta respuesta de rediseño a la objeción suscitada en contra de la cuerda larga se hubiera puesto a prueba en un modelo a escala habría sido evidente el corto trecho que el carrete avanzaría antes de que fuera preciso detener los bueyes y hacerlos retroceder para rebobinar la cuerda en torno a él. Dado que poner en movimiento el pesado cilindro (al igual que detenerlo) debió haber sido una de las partes más difíciles de la operación, la necesidad de frecuentes rearranques habría sido una característica claramente indeseable.

Parece que Paconio no usó un modelo físico representativo, ni reflexionó mucho sobre algo parecido a un modelo mental de su sistema. Es más, parece que nadie entre quienes participaron en el transporte del gran pedestal supo prever los problemas del método de Paconio o, si alguien lo hizo, no pudo convencerle a él, ni a nadie más, con un argumento lo bastante explícito y lógico, de que su sistema no funcionaría; o bien decidió no advertir al arrogante Paconio del desastre que se avecinaba. No obstante, fuera lo que fuese lo que realmente sucedió en el caso del contemporáneo de Vitrubio, ha quedado claro lo mucho que, acerca del diseño y el error, podemos aprender de la historia de Paconio y el pedestal de piedra.

Un ejemplo moderno

Los conceptos, aparentemente sólidos, de los que esperamos que mejoren las formas familiares de hacer las cosas siguen deparando sorpresas. A principios de la década de los sesenta se desarrolló en Europa uno de los más prometedores sistemas nuevos para la edificación de edificios de viviendas de gran altura (Great Britain Department of the Environment, 1973). El nuevo sistema evolucionó de forma natural a partir de la construcción convencional y se basaba en un sistema de ensamblaje de grandes piezas de cemento prefabricado que minimizaba el trabajo necesario en el lugar de construcción —que ha sido desde tiempo inmemorial un foco de pobre competencia profesional y una fuente de costosos retrasos. Las paredes, los suelos y las escaleras eran todos prefabricados, trasportados al lugar de la edificación y ensamblados en unidades de un piso de altura; y todas y cada una de éstas eran elementos estructurales de carga. Hacia 1968 había unos tres mil edificios de viviendas semejantes en la Commonwealth británica, entre los que se encontraba un grupo de torres de veinticuatro plantas sito en Ronan Point, en el este de Londres. En la madrugada del 16 de mayo de 1968 una inesperada explosión de gas desintegró el muro esquinero de un apartamento de la planta dieciocho y se produjo una reacción en cadena. Habiendo perdido una parte sustancial de su sustentación, las habitaciones de los pisos superiores se hundieron y su impacto hizo que los pisos inferiores se desmoronaran también. Toda una esquina del edificio resultó completamente destruida (véase la ilustración 2.4), tres personas murieron y otras once resultaron heridas. El informe oficial de la investigación de este fallo estructural citaba un exhaustivo código de edificación que advertía sobre «la absoluta necesidad de unir los distintos componentes de la estructura de forma efectiva a fin de prevenir cualquier posible tendencia de la estructura a comportarse como un "castillo de naipes"». Pero en esa época no existía ningún código que se refiriese específicamente a los edificios de sistema *(system buildings)*, que era el nombre que se daba entonces a esas estructuras hechas de elementos prefabricados.

Conceptualmente, el edificio de sistema era una alternativa brillante a la costosa construcción in situ y podía argumentarse que permitía conseguir un mejor control de calidad de los componentes individuales. Sin

Ilustración 2.4. El derrumbe de los apartamentos de Ronan Point (Great Britain Department of the Environment, 1973).

embargo, la explosión de gas reveló que el diseño del sistema tenía un defecto fundamental; la pérdida de un muro de carga en circunstancias adversas causó el desplome de toda una esquina de la estructura. El concepto de una construcción basada en los prefabricados ofrecía numerosas ventajas sobre los sistemas más tradicionales, pero tenía la clara desventaja de incorporar muy poca redundancia: el muro derruido era el único elemento de sustentación con que contaban los muros que estaban directamente sobre él. Y no fue la lógica del proceso de diseño la que puso de manifiesto el error fundamental de este concepto sino los sucesos casuales que provocaron la explosión de gas. En 1991, en Harlem, Nueva York, otra explosión de gas voló algunos muros de las plantas superiores de un edificio de viviendas construido de manera más convencional y, tal como se esperaba que hiciera, el edificio en su conjunto resistió el trauma estructural.

No todos los errores de diseño conceptual desembocan en un derrumbe tan espectacular como el de Ronan Point, pero son muchos los productos que no logran hacer realidad el potencial que prometían porque, según parece, no han sido suficientemente investigados y escudriñados de manera acertada antes de su materialización como estructuras a gran escala, máquinas desarrolladas hasta su límite de potencia o verdaderos productos comerciales. Podría decirse que virtualmente todos los errores de diseño entran en la categoría que ejemplifica la historia del intento de Paconio de transportar el pedestal, en el sentido de que todo error de diseño —en contraste con los errores de fabricación, mantenimiento u operación— radica en un concepto deficiente cuyo carácter crucial para ese diseño no fue detectado antes de que se produjera el fallo. Siendo esto así, resultará incontestable que dirigir nuestra atención hacia los errores de diseño del pasado, y comprenderlos, sin importar su antigüedad o lo diferentes que sean sus aplicaciones, puede contribuir a reducir el error humano en los diseños actuales. Cuanto más numerosos sean los estudios históricos de casos de fallos que los diseñadores y sus críticos puedan evocar en sus intercambios de opiniones y razonamientos acerca de si un determinado concepto nuevo es fiable o no, más probable será que el número de diseños sólidos aumente y el de los defectuosos disminuya.

3
El taladro de Vitrubio y los huesos de Galileo
Paradigmas de los límites de tamaño de los diseños

Quizá no haya un principio de diseño mejor conocido y, sin embargo, con más frecuencia olvidado que el efecto del tamaño o la escala en el funcionamiento. Algunos de los momentos de los que la civilización se siente más orgullosa han quedado inmortalizados en colosales monumentos al triunfo de la inventiva del diseño humano sobre las ingentes fuerzas de la naturaleza, pero también algunos de los momentos de mayor oprobio de la historia han sido protagonizados por los atronadores fallos de algunas de las mayores máquinas, estructuras y sistemas que alguna vez haya intentado materializar el ser humano. Los más grandiosos esfuerzos humanos se apoyan en la delgada línea que separa el éxito del fracaso.

Algunos de los textos más antiguos del pensamiento sobre el diseño muestran ya una clara conciencia del efecto de escala en los objetos naturales y artificiales. Entre las obras menores de Aristóteles figura una recopilación de preguntas y respuestas, conocida como *Problemas de mecánica,* en la que se formulan preguntas sobre el mundo físico y se ofrecen soluciones, en el contexto del conocimiento de la física, las matemáticas y la ingeniería del siglo IV antes de nuestra era. Aunque existen algunas dudas de que *Problemas de mecánica* sea realmente obra del propio Aristóteles, y no de algún miembro de la escuela peripatética, no las hay de que la obra es una excelente presentación del pensamiento de la época y pone de manifiesto que los ingenieros de hace veinticuatro siglos se enfrentaban a problemas que todavía hoy pueden ser fuente de dificultades, como evidencia la persistente recurrencia de errores de diseño y fallos estructurales. Entre los treinta y cinco problemas mecánicos planteados en la época de Aristóteles se encontraban «¿Por qué las balanzas grandes [son]... más precisas que las pequeñas?» y «¿Por qué una tabla de madera es más frágil cuanto mayor es su longitud y por qué se dobla con más facilidad cuando se la eleva?» Las respuestas ofrecidas pueden no ser lo bastante rigurosas para los criterios actuales pero el mero hecho de que se formulasen precisamente esas preguntas y la manera de responderlas hacen pensar que nacían de las incertidumbres y las dificultades con que se encontraban los ingenieros de la antigüedad cuando intentaban aumentar la escala de los diseños que habían tenido éxito. Tres siglos después del libro de problemas de Aristóteles, el compendio del estado del arte de la arquitectura y la ingeniería antiguas de Vitrubio contiene también claras advertencias sobre los límites del aumento del tamaño de máquinas y estructuras.

Aunque nuestro conocimiento de las ciencias de la física, la matemática y la ingeniería obviamente ha progresado desde la época de Aristóteles y Vitrubio, hay ciertos rasgos esenciales del diseño de ingeniería que, en lo fundamental, parecen no haber cambiado. Entre ellos está la naturaleza del propio proceso de diseño conceptual, en el cual los conceptos surgen como actos de creatividad alógicos, más que como actos de deducción totalmente lógica. Sólo una vez que han sido concebidas por otros medios pueden las ideas de diseño ser sometidas al análisis racional que se supone que discrimina entre buenas y malas ideas y modifica unos sistemas prometedores pero imperfectos hasta transformarlos en artefactos factibles y fiables. No obstante, como todo el mundo sabe, las operaciones de filtrado y de modificación del proceso de diseño están lejos de ser perfectas y los ingenieros siempre se han visto y continúan viéndose hoy en situaciones embarazosas imprevistas debido a errores de diseño que pueden ponerse de manifiesto de muchas maneras, que van desde el pequeño inconveniente hasta el fallo catastrófico.

Los errores de diseño atribuibles a haber pasado por alto los efectos de escala, en la naturaleza o en los artefactos, se han mostrado especialmente persistentes a lo largo de la historia y siguen siéndolo aún en nuestra propia época, marcada por la alta tecnología y los ordenadores. A pesar de que se sabía desde hacía más de dos mil años que las piezas de madera resultaban más frágiles cuanto mayor era su longitud, para los constructores de barcos de la época del Renacimiento resultaba inexplicable que algunos de sus mayores buques de madera se desmoronaran bajo su propio peso. Galileo (1638) comenzaba el prefacio de su seminal estudio sobre la resistencia de materiales enumerando derrumbes de barcos y otros fallos recurrentes de la ingeniería de su tiempo atribuibles al tamaño —un problema que, señaló, la naturaleza había mantenido bajo control. La historia de las catedrales góticas y la historia de la construcción de puentes están emparentadas a través de un tema subyacente común: cómo los reiterados fallos estructurales definieron los límites de sus respectivos tamaños. E incluso a finales del siglo XX han ocurrido fallos de pesadas secciones de acero (véase, por ejemplo, Fisher, 1984) y grandes misiles (por ejemplo, Rosenthal, 1989) que se han atribuido a errores de diseño debidos a haber pasado por alto o subestimado los efectos del tamaño al incrementar la escala de unos diseños previamente sancionados por el éxito.

Basarse únicamente en el éxito precedente no ofrece ninguna garantía de éxito cuando han de diseñarse objetos nuevos. Ésta es la razón de que la aplicación de la inteligencia artificial, los sistemas expertos y otras herramientas informáticas auxiliares del diseño, cuya lógica se basa en ejemplos de éxito, pueda tener solamente un alcance limitado. Para tener éxito en el proceso de diseño es imperativo poseer una comprensión plena y completa de cómo evitar los fallos. Sin una apreciación integral de hasta qué punto un nuevo diseño se encuentra próximo al punto de fallo, ni siquiera su propio diseñador puede entender del todo cómo y por qué funciona ese diseño. Un nuevo diseño puede funcionar porque tiene un factor de seguridad suficientemente grande (factor que, como es bien sabido, ha sido denominado a menudo, y con acierto, «factor de ignorancia»), pero nunca puede conocerse cuál es el verdadero factor de seguridad de un diseño en tanto se desconozca de qué modo puede fallar en último término. Así pues, en realidad, un diseño que tiene éxito (es decir, que *no* falla) proporciona una información menos fiable sobre cuándo extrapolar a partir de él, y cuándo no, que un diseño que falle. Ha sido esta observación la que desde antiguo ha motivado a los diseñadores más reflexivos a estudiar los fallos con más meticulosidad incluso que los éxitos.

El efecto de escala ha sido especialmente problemático a lo largo de la historia del diseño; por tanto, será mucho lo que podamos aprender de los fallos que le sean atribuibles. A continuación expondré, como paradigmas del efecto de escala, dos estudios clásicos de fallos asociados con el aumento de tamaño, uno cuyo autor es Vitrubio y el otro debido a Galileo.

La escala en Vitrubio

En el último de los diez libros de su obra *De arquitectura,* Vitrubio introduce la idea del efecto de escala a través de la narración de la historia de un ingeniero llamado Calias que viajó a Rodas, donde ofreció una conferencia pública en la que efectuó una demostración de un modelo de grúa rotatoria diseñada para ser instalada en la muralla de la ciudad y capaz de apresar cualquier máquina de sitio que el enemigo pudiera aproximar. Los rodios quedaron tan impresionados que concedieron a Calias el estipendio anual que hasta ese momento habían asignado a un tal Diogneto, cuyos sistemas para la defensa de la ciudad seguían prácticas más convencionales.

Algo después Rodas entró en guerra y el enemigo construyó una enorme máquina de sitio, conocida como helépola, que pesaba más de ciento cincuenta toneladas. Los rodios acudieron a Calias y le pidieron que construyera una versión de su modelo a la escala adecuada para capturar la helépola e introducirla dentro de las murallas, a fin de que dejase de constituir una amenaza, y se quedaron estupefactos cuando éste les respondió que no podía hacerlo porque era imposible. Vitrubio explica porqué Calias no podía aumentar la escala de su modelo:

> Porque no todas las cosas son factibles basándose en idénticos principios, sino que hay algunas que, agrandadas a imitación de modelos más pequeños, resultan efectivas, mas de otras no es posible realizar modelos, aunque se las puede construir sin necesidad de ellos, mientras que hay algunas otras cosas cuyos modelos dan la impresión de ser factibles, pero cuando se empieza a incrementar su tamaño resultan impracticables, como podemos observar en el siguiente ejemplo: podemos hacer orificios de uno, dos o tres centímetros de diámetro sirviéndonos de un taladro, pero si quisiéramos, por el mismo medio, practicar un orificio de siete u ocho centímetros nos sería imposible, mientras que uno de quince o treinta centímetros no parece ni siquiera concebible.

Ya no usamos taladros manuales para hacer agujeros, pero nos es familiar el problema análogo de insertar un tornillo. Cuanto mayor es el grosor del tornillo más grande es el destornillador que debemos utilizar, naturalmente, pero a una persona normal le resulta extraordinariamente difícil, si no imposible, hacer que un tornillo cuya cabeza tenga un diámetro de incluso poco más de un centímetro penetre en una dura madera, a menos que se haya empleado un taladro o un berbiquí para abrir previamente el orificio donde alojarlo. Los tornillos más grandes suelen tener cabezas cuadradas o hexagonales para poder sacar partido de la fuerza mecánica, mucho mayor, que se puede ejercer haciendo palanca con una llave inglesa.

Vitrubio continúa la historia de Calias exponiendo que los rodios habían ofendido y agraviado a Diogneto engañados por un falso razonamiento —específicamente, por haber creído que lo que funcionaba a la escala del modelo funcionaría también a cualquier escala mayor. Con la ciudad bajo la amenaza de la gigantesca máquina de asedio, los rodios suplicaron a Diogneto que les ayudase. Éste se hizo de rogar, pero finalmente accedió, y Vitrubio procede a narrar la historia del triunfo de Diogneto:

> Hizo abrir un boquete en la muralla, en el lugar hacia el que se dirigía la máquina, y ordenó traer agua de todas las fuentes públicas y privadas, y de otras partes todos los desperdicios y los excrementos que fuera posible, y verterlos algo más adelante del muro mediante unas tuberías que se proyectaban a través de la abertura. Después de arrojar durante toda la noche una gran cantidad de agua, excrementos y basura, cuando la helépola se puso en marcha a la mañana siguiente no pudo alcanzar la muralla, pues quedó atascada en el lodazal producido por el vertido, y no fue posible ni hacerla avanzar, ni tan siquiera, más tarde, conseguir que retrocediera.

El enemigo se retiró, naturalmente, y Diogneto fue galardonado. Llevó la helépola al interior de la ciudad y la emplazó en un lugar público como recordatorio para el pueblo. De esta historia, Vitrubio extrae cierta moraleja sobre el modo de construir fortificaciones defensivas, pero, obviamente, no es ése el valor que el episodio tiene en la era atómica. Más que enseñarnos a diseñar armas disuasorias, esta historia tiene el valor imperecedero de señalar algo que puede pasarse por alto en el diseño en general. Es obvio que la helépola no habría funcionado bajo una lluvia intensa, de modo que tenía limitaciones inherentes a su enorme masa —por más que un modelo a escala de ella habría funcionado a la perfección en un día claro.

El mayor valor que la historia de Diogneto y la helépola encierra para el diseño moderno reside en que evidencia los límites de escala de un modo memorable. Los detalles mismos de la historia, los nombres de los diseñadores y la naturaleza ordinaria de los materiales usados para encenagar la helépola le confieren realismo y la hacen así más eficaz. Este paradigma es algo más que una regla árida y anónima como «no se puede aumentar indefinidamente la escala de un modelo»; es más bien un drama humano pleno de imágenes y olores. La asociación de los problemas de diseño con tales elementos no se debe juzgar como una distracción, sino como un factor que aumenta la eficacia de las lecciones. Si lográsemos que de forma más habitual paradigmas como éste devinieran parte del saber cotidiano y del lenguaje de la ingeniería, de manera que la mera mención de Calias o Diogneto, por ejemplo, trajera a la mente las precauciones que se han de adoptar cuando se aumenta la escala de un modelo, entonces quizá las eternas advertencias sobre los peligros del incremento de escala serían atendidas con más frecuencia y se evitarían errores de diseño a gran escala. Aunque los más vívidos estudios de caso de fallos atribuibles a los efectos de escala no sirvan para nada más que para que los diseñadores adopten una actitud de mayor desconfianza hacia sus versiones a mayor escala de diseños que han funcionado bien a una escala menor, nos proporcionan, sólo con eso, razones para creer que no se repetirán irreflexivamente los errores del pasado.

El efecto de escala en Galileo

La obra *Diálogos acerca de dos nuevas ciencias,* que el septuagenario Galileo publicó en 1638, presentaba el pensamiento de su autor sobre algunos problemas que había investigado intermitentemente durante décadas. La mayor parte del libro adopta la forma de cuatro días de discusiones entre tres interlocutores, Salviati, Sagredo y Simplicio, que representan respectivamente al Galileo maduro, al Galileo joven y a un ingenuo oponente. Los historiadores de la ciencia se refieren a esta obra como los *Discursos* —para distinguirla de otro libro anterior de Galileo, el *Diálogo sobre los dos principales sistemas del mundo, el ptolemaico y el copernicano*— y generalmente se la interpreta como un estudio del movimiento. Aquí, no obstante, dado que de cualquier forma hay pocas posibilidades de confundir ambas obras, nos referiremos a ella como *Dos nuevas ciencias* y todas las citas se tomarán de la traducción de Crew y de Salvio del original italiano, cuya portada se reproduce en la ilustración 3.1.

Los diálogos de los dos primeros días de *Dos nuevas ciencias* constituyen la obra fundacional de Galileo en la ciencia de la ingeniería de la resistencia de materiales. Y sin embargo, en lugar de describir las grandes estructuras que podrían construirse con las técnicas que está a punto de revelar, Galileo abre el diálogo del primer día con varias descripciones de algunos bochornosos fallos de estructuras y con una clara demostración de que el estado del arte en el Renacimiento, que para incrementar la escala de los artefactos empleaba un razonamiento puramente geométrico, era insuficiente para diseñar estructuras de ingeniería de dimensiones muy grandes con éxito y con una comprensión completa de cuál sería su comportamiento.

DISCORSI
E
DIMOSTRAZIONI
MATEMATICHE,
intorno à due nuoue ſcienze
Attenenti alla
MECANICA & i MOVIMENTI LOCALI;
del Signor
GALILEO GALILEI LINCEO,
Filoſofo e Matematico primario del Sereniſſimo
Grand Duca di Toſcana.
Con vna Appendice del centro di grauità d'alcuni Solidi.

IN LEIDA,
Appreſſo gli Elſevirii. M. D. C. XXXVIII.

Ilustración 3.1. Portada de la obra fundacional de Galileo sobre resistencia de materiales y dinámica (Galileo, 1638).

Galileo se hace eco de Vitrubio cuando Sagredo señala que «no es posible inferir lo grande de lo pequeño, pues muchos artefactos que funcionan a pequeña escala no lo hacen a una escala mayor», pero confiesa que no puede explicar la razón basándose exclusivamente en principios geométricos. Salviati constata que el efecto de escala se atribuía habitualmente a «imperfecciones y variaciones del material», pero desecha tal explicación y afirma que «las imperfecciones del material, incluso aquellas que son lo bastante grandes como para invalidar la más clara prueba matemática, no bastan para explicar las diferencias que se observan entre las máquinas concebidas abstractamente y su realización concreta». Y hace que Sagredo se sienta totalmente perplejo cuando afirma que «para cualquier máquina y estructura, sea artificial o natural, existe un límite necesario que ni el arte ni la naturaleza pueden sobrepasar [siempre que] el material sea el mismo y se mantengan idénticas proporciones».

Salviati pone el ejemplo de una viga voladiza hecha de un determinado tipo de madera y proclama que, para una sección transversal dada, existe una única longitud en la que la viga soporta nada más que su propio peso, mientras que si la longitud fuera mayor la viga se partiría bajo dicho peso y si fuera menor podría soportar una carga añadida a su propio peso. Más aún, el efecto de la escala se manifiesta en el hecho de que mientras «un listón soportará el peso de otros diez semejantes a él, una viga [de la misma madera, si bien mucho más larga, pero] con las mismas proporciones no será capaz de soportar el peso de diez vigas similares». Por medio de numerosos ejemplos se nos recuerda que la naturaleza comprende esto perfectamente y, en consecuencia, por lo que respecta a los artefactos, la creencia de que «lo muy grande y lo pequeño son igualmente factibles y duraderos es un error manifiesto». En suma, el efecto de escala era conocido en tiempos de Galileo, pero sus principios subyacentes no lo eran, como lo demuestra la historia que Salviati relata sobre una columna de mármol que se rompió a consecuencia de las mismas precauciones que se habían tomado precisamente para evitar que eso ocurriera (volveremos a ella en el capítulo 4).

Las cuestiones de tamaño se resuelven entendiendo cómo se rompen las cosas; de ahí que descubrir la longitud crítica de una viga voladiza se convierta en el tema principal del análisis de Galileo, a pesar de lo cual entra en escena sólo tras una extensa discusión de la resistencia de los cuerpos sólidos a la fractura y de las causas de su cohesión. Al abordar el problema fundamental de la viga voladiza, aunque con ciertos supuestos erróneos acerca del modo como fallaba (y que analizaremos en el capítulo 5), Galileo logra articular y formular soluciones racionales en términos de resistencia de materiales a problemas de diseño y optimización como la determinación del tamaño de una pieza de madera que ha de emplearse para sostener cierto peso a una distancia dada de una pared o el perfil que debe tener una viga voladiza para soportar una tensión crítica en cada punto de su longitud total. Y es capaz de responder a una pregunta planteada en los *Problemas de mecánica* de los peripatéticos: «¿Por qué una tabla de madera del mismo tamaño es más fácil de romper contra la rodilla si uno la sostiene por ambos lados a una distancia igual y alejada del centro que si la sujeta contra la propia rodilla y en otro punto muy cerca de ella?».

Gracias a que logró concebir un enfoque racional para determinar la resistencia de los materiales, Galileo pudo dar respuesta a muchas de las preguntas que habían intrigado a tantos pensadores mucho antes y mucho después de Aristóteles. Galileo identificó determinados principios que le permitieron calcular las diversas formas de fallo de los materiales y estructuras que conforman los objetos naturales y artificiales, y por ello pudo explicar al fin antiguos misterios y paradojas; Galileo fue capaz, además, de enunciar de manera explícita su logro:

> A partir de lo que ya ha sido demostrado puedes ver claramente la imposibilidad de aumentar el tamaño de las estructuras hasta magnitudes muy grandes en el arte o en la naturaleza; y asimismo la imposibilidad de construir barcos, palacios o templos de enorme tamaño de modo que sus remos, masteleros, vigas, remaches y, en una palabra, todas sus otras partes se mantengan unidas; ni puede tampoco la naturaleza producir árboles de tamaño extraordinario porque las ramas se romperían bajo su propio peso; y por lo mismo sería imposible acrecentar estructuras óseas de hombres, caballos u otros animales de modo que se mantuvieran unidas y efectuasen sus funciones normales si la estatura de esos animales aumentase enormemente, pues ese aumento de estatura puede conseguirse sólo empleando algún material más duro y fuerte que el usual o aumentando el tamaño de los huesos, cambiando así la forma y apariencia del animal de tal modo que nos hace pensar en una monstruosidad.

El mejor resumen del fenómeno del efecto de la escala es quizá el ejemplo de Galileo de «un hueso cuya longitud natural ha sido triplicada y cuyo grosor ha sido multiplicado hasta que, para un animal del tamaño aumentado correspondiente, sea capaz de cumplir la misma función que el hueso pequeño realiza en el animal pequeño». La famosa lámina se muestra ilustración 3.2 y puede servir como recordatorio de que el efecto del tamaño, como todos los efectos en ingeniería, sólo puede entenderse completamente cuando, siguiendo a Galileo, uno entiende completamente cómo se puede romper un hueso.

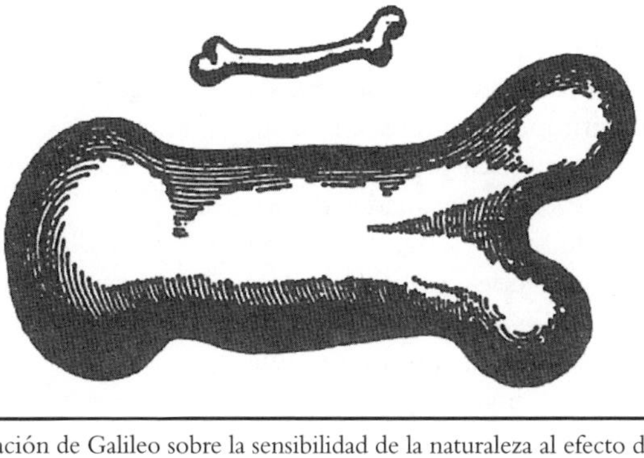

Ilustración 3.2. Ilustración de Galileo sobre la sensibilidad de la naturaleza al efecto de la escala (Galileo, 1638).

La persistencia de los efectos de escala en la construcción naval

Misteriosamente, los problemas asociados a los efectos de escala han persistido a lo largo de la historia, en particular en la construcción naval, lo que induce a sospechar de un desconocimiento o una desestimación deliberada de lecciones ya aprendidas. En época de Galileo el problema parece haber sido especialmente agudo y visible, tanto como para que éste le dedicase la primera página de su introducción al estudio de la resistencia de materiales, a fin de demostrar la inadecuación de la geometría, por sí sola, para predecir el éxito del aumento de escala de un diseño dado. Contemporáneo a la experiencia de Galileo en Italia, fue el vuelco y hundimiento del *Vasa,* un buque sueco recién construido y de dimensiones sin precedentes que, cuando se puso a prueba su estabilidad haciendo que un grupo de marineros corriera de un lado a otro de la cubierta, demostró pesar demasiado por encima de su línea de flotación. (Squires [1986] ha tomado la historia de este «delicado buque» como paradigmática no tanto del efecto estructural de la escala como de los problemas asociados a los grandes proyectos tecnológicos).

El problema de los grandes barcos surgió de nuevo a mediados del siglo XIX, cuando el hierro reemplazó a la madera como material de construcción de buques. En 1857 el ingeniero británico Isambard Kingdom Brunel encontró grandes dificultades para botar el monumental *Great Eastern* (véanse, por ejemplo, Rolt, 1970 y Petroski, 1992a; pero compárense con Emmerson, 1977 y Vaughan, 1991). Fairbairn (1865) y Russell (1864) escribieron extensamente sobre los barcos concebidos como estructuras de vigas, y Russell en particular fue bastante explícito en su opinión de que no existía límite para su tamaño y velocidad:

> Soy uno de los que creen que ni la velocidad, ni la economía, ni la seguridad y la comodidad de la navegación oceánica han alcanzado su límite. En mi juventud, diez nudos a la hora —raramente alcanzados en aguas calmas y aun en tal caso por infrecuente y feliz accidente— se creían el *ne plus ultra* de las posibilidades de la navegación a vapor. Que el primer yate a vapor de Su Majestad los alcanzase se juzgó una proeza. Luego vinieron los doce nudos a la hora y después los catorce nudos; los dieciséis y dieciocho nudos son hoy en día realizables con perfecta certidumbre, y me aventuro a afirmar que una media de veinte nudos en la travesía del océano es una velocidad que puede conseguirse fácilmente, dondequiera que se requiera y se crea en ello. En realidad, por lo que a los barcos de hierro se refiere, no soy capaz de ver ningún factor que pueda suponer un

límite a una velocidad segura, excepción hecha del grave asunto del coste. En lo sucesivo, sea cual sea la velocidad que el comercio encuentre provechosa, o por la que la sociedad esté dispuesta a pagar, no cabe ninguna duda de que podrá alcanzarla en el mar, y con precisión y seguridad.

El optimismo y el entusiasmo de Russell se vieron luego espectacularmente materializados durante una exposición mundial, próximo ya el cambio de siglo, en la forma de los vapores Cunard, los cuales, aunque «no funcionaban completamente», atrajeron la atención del historiador Henry Adams. En su biografía, escrita en tercera persona, reflexionaba éste filosóficamente sobre los límites de tamaño de los grandes barcos y se lamentaba de que «un estudioso ávido de resultados se vio obligado a malgastar un lápiz y bastantes hojas de papel intentando calcular con exactitud, a tenor del incremento dado de la potencia, el tonelaje y la velocidad, cuándo alcanzaría sus límites el vapor transoceánico. Sus cálculos le llevaron, según pensó, al año 1927». (Adams, 1918). Ni que decir tiene que pronto se botaron con total confianza buques semejantes al *Titanic* y pronto comenzaron a hundirse en medio de la perplejidad general. Setenta y cinco años después de su travesía inaugural, y final, a través del Atlántico, la verdadera causa del fallo del *Titanic* era todavía objeto de disputa para algunos, en particular después de que no se hallase ninguna hendidura de grandes dimensiones en el pecio recién descubierto (Sullivan, 1986). Según parece, el propio tamaño del enorme buque puede haber tenido tanto que ver en su hundimiento como la dureza del filo del iceberg. En fechas casi contemporáneas del *Titanic,* las aeronaves rígidas estaban alcanzando también sus límites de crecimiento, como demostró de manera más que convincente el destino de los dirigibles R100 y R101 *(cf.* Shute, 1954 y Squires, 1986).

Cuando en la fabricación de grandes buques transatlánticos de acero los remaches fueron sustituidos por soldaduras —lo que permitió producir en tiempo récord los barcos Liberty, empleados en el transporte de suministros durante la Segunda Guerra Mundial—, los nuevos efectos del tamaño sobre el comportamiento de los materiales contribuyeron a la inesperada aparición de fracturas debidas al debilitamiento de las uniones *(cf.* Great Britain Navy Department, 1970, Richards, 1971 y véase la ilustración 4.5). Incluso hoy en día, cuando los superpetroleros surcan los océanos transportando millones de barriles de una carga potencialmente contaminante, la misteriosa rotura de algunos de esos buques continúa siendo objeto de preocupación y de un debate todavía inconcluso (Anónimo, 1989; *cf.* Sullivan, 1986). Gordon (1988) ha sido especialmente explícito y directo sobre esta cuestión, al afirmar que el tamaño absoluto de una grieta abierta en un casco de acero puede ponderarse como relativamente grande o como relativamente pequeño dependiendo del tamaño del barco en cuestión (*cf.* Fisher, 1984, para una discusión análoga referida a los puentes de acero). No obstante, una grieta relativamente pequeña puede tener una longitud crítica:

> Dado que la seguridad de funcionamiento de las estructuras metálicas de tamaño pequeño y mediano ha quedado demostrada, los ingenieros y los arquitectos navales han aumentado su escala, suponiendo que en tanto las tensiones sigan siendo las mismas la estructura mayor será tan segura como la pequeña. Sin embargo, la longitud crítica de una grieta en las planchas de acero templado que se emplean en ingeniería se sitúa entre uno y dos metros [con independencia del tamaño de la estructura en la que se produce].

En otras palabras, a medida que el tamaño de los buques aumenta, el factor limitante que decidirá si esas naves se mantendrán íntegras en aguas turbulentas, y en ocasiones incluso en aguas calmas, serán unas grietas cada vez más pequeñas en relación al tamaño del barco. Dadas las especiales dificultades que acompañan al aumento de tamaño, cabe apuntar que la familiaridad con la historia de la construcción naval y sus fracasos más famosos debería ser tan importante para el diseñador actual como dominar las reglas de la arquitectura naval.

Los efectos de escala en el caso de los puentes

Existen ejemplos clásicos de buena práctica profesional en el diseño y erección de puentes y estructuras semejantes de enorme ambición y escala, destacando por encima de todos el puente Britannia sobre el estrecho de Menai, en el noroeste de Gales (del que trataremos en el capítulo 7) y su contemporáneo, el Palacio de Cristal, erigido para la primera Exposición Universal, celebrada en el Hyde Park de Londres en 1851 (véase, por ejemplo, Petroski, 1985). Pero ha habido también colosales errores. La historia de los puentes colgantes ofrece una crónica especialmente triste de cómo pueden repetirse errores del pasado en el entorno de un estado del arte que parece tener más confianza en su alta pericia analítica que temor a los efectos de escala —a tenor de cómo aumentó la extensión del vano de esos puentes: mediante atrevidos saltos más que a base de pasos graduales— (véase la ilustración 3.3). Ese exceso de confianza condujo, claramente, al clásico fallo del puente de Tacoma Narrows en 1940 y a la excesiva flexi-

Ilustración 3.3. Puente colgante sobre el estrecho de Menai (1826), puente de Brooklyn (1883) y puente George Washington (1931), dibujados a la misma escala *(Civil Engineering,* agosto de 1933; con autorización de la American Society of Civil Engineers).

bilidad de muchos de sus contemporáneos *(cf.* Petroski, 1987a y el capítulo 9 *infra).* El fenómeno se repitió asimismo en la historia de los grandes puentes en ménsula (véase, por ejemplo, Sibly, 1977), que culminó en el oprobio del (primer) Puente de Quebec sobre el río San Lorenzo, que se desmoronó mientras se encontraba en construcción, en 1907 (véanse las ilustraciones 3.4 y 3.5). Aunque el vano del puente de Quebec era esencialmente el mismo que el del colosal puente sobre el fiordo del Forth (véase la ilustración 6.7), cuya extensión era verdaderamente osada cuando se terminó, en Escocia, en 1890, algunos de los elementos de compresión del puente de Quebec eran tan delgados que habrían cabido en el interior de los elementos correspondientes del puente sobre el fiordo del Forth, como muestra la ilustración 3.6. La creencia en que el diseño del fornido puente escocés incurría en un empleo excesivo de materiales inspiró confianza en que había escaso riesgo en afinar los elementos que cubrirían el vano del puente de Quebec. De hecho, el armazón de ese puente era demasiado delgado para sostener su propio peso *(cf.* la ilustración 3.2). La estructura fue subsiguientemente rediseñada empleando componentes más gruesos dispuestos en una configuración diferente y el (segundo) puente de Quebec perdura hoy en pie (véase ilustración 3.7) como un símbolo de la perseverancia canadiense frente a la adversidad *(cf.* Canada, 1919).

No es preciso limitar la mirada únicamente al caso extremo de los puentes monumentales para descubrir la incomprensión de los efectos de escala. En años recientes ha habido diversos puentes de vigas de acero, de diseño mucho más pedestre, que han sufrido problemas de agrietamiento y fatiga de materiales, y muchos de esos casos se han debido a un aumento de escala excesivo de diseños que habían funcionado bien previamente, llevado a cabo mediante el mero expediente de emplear secciones de acero más gruesas y pesadas *(cf.* Fisher, 1984). En palabras de John Fisher, el analista de fallos y experto en fatiga y frac-

Ilustración 3.4. El puente de Quebec durante su construcción, en 1907 (Canadá, 1919).

Ilustración 3.5. El puente de Quebec desmoronado, 1907 (Canadá, 1919).

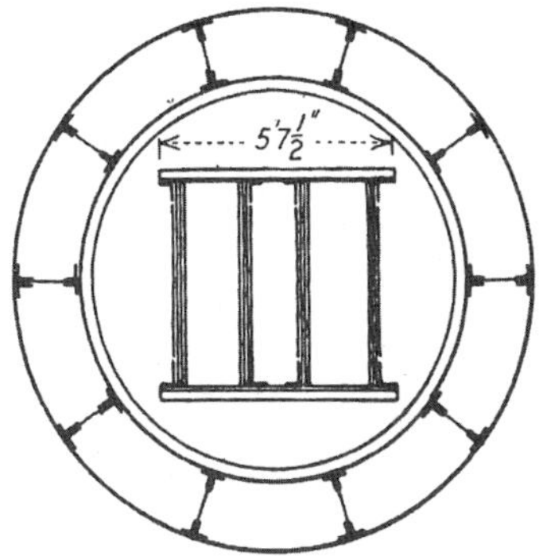

Ilustración 3.6. Elementos de la línea de base del puente sobre el fiordo del Forth (sección circular) y el puente de Quebec (sección rectangular), dibujados a la misma escala *(Engineering News,* 26 de septiembre de 1907).

tura de materiales elegido por *Engineering News-Record* como Hombre del Año en 1987 (Tuchman, 1987), «Los efectos de escala son uno de los mayores problemas de ingeniería a los que nos enfrentamos. Los diseñadores son proclives a extrapolar más allá de la base de conocimiento existente». Más aún, Fisher cree que un alarmante número de importantes fallos estructurales ocurridos en esta era de alta tecnología son el resultado de la falta de investigación y desarrollo en áreas como las nuevas técnicas constructivas.

Otro ejemplo se refiere a una enorme celosía de acero del Centro Cívico de Orlando que, según Fisher, se quebró porque sus diseñadores supusieron que la celosía de tamaño real se comportaría igual de bien que su modelo de laboratorio a pequeña escala. Ficher llega a la conclusión de que «el fallo se produjo debido a una completa ausencia de conocimiento sobre los efectos de escala. Las características de los segmentos estructurales de acero que fabricaron a gran tamaño eran completamente diferentes de las de los elementos del modelo de tamaño reducido». (Pechter, 1989).

El diseño y la erección de estructuras de gran tamaño y altura han extraído siempre abundante inspiración y no poca experiencia de la construcción de puentes. Significativas estructuras de gran altura, desde la torre Eiffel (erigida para la Exposición Internacional celebrada en París en 1889) hasta rascacielos contemporáneos como el John Hancock Building (terminado en 1970) o la torre Sears (1974) de Chicago deben buena parte de su éxito a un minucioso estudio del efecto de la escala en la utilización de

Ilustración 3.7. El (segundo) puente de Quebec, tras su conclusión en 1919 (Canadá, 1919).

nuevas e ingeniosas formas estructurales. No obstante, al igual que sucede en la historia de los puentes, existen casos de edificios de gran altura que, habiendo sido diseñados para alcanzar su límite de tamaño, pusieron de manifiesto que los efectos de escala no habían recibido, según parece, una atención suficiente. Ningún rascacielos se ha desplomado catastróficamente, pero sí ha habido notorios problemas de funcionamiento, como ejemplifica sobre todo el comportamiento inicial de la torre John Hancock de Boston: su imprevista flexibilidad de torsión originó problemas con las ventanas, cuyas grandes lunas de vidrio tenían propensión a saltar de sus marcos y caer a la calle (véase, por ejemplo, Marlin, 1977; Campbell, 1988).

Conclusión

A lo largo del tiempo el problema de los efectos de escala ha demostrado ser especialmente persistente. De ahí que entender los límites de tamaño sea una cuestión central para el progreso del estado del arte del diseño. Hace mucho tiempo que, como antídotos contra la ignorancia que ha conducido a los fallos debidos a los efectos de escala, se proponen nuevos métodos de análisis y nuevas teorías, pero aplicar teorías nuevas sin entender el significado de la experiencia precedente puede ser desastroso. En 1856, el ingeniero y educador escocés W. J. M. Rankine escribió acerca de la necesidad de una «armonía entre la teoría y la práctica», cuyo conocimiento:

> cualifica al estudiante para planificar una estructura o una máquina con un propósito dado, sin necesidad de copiar algún ejemplo existente, y para adaptar sus diseños a situaciones para las que ningún ejemplo existente ofrece un posible paralelismo. Le permite calcular el límite teórico de la resistencia o la estabilidad de una estructura o la eficiencia de una máquina de cierto tipo particular y establecer qué distancia separa a dicha estructura o máquina de alcanzar ese límite; le permite descubrir las causas de esas insuficiencias e idear mejoras que obvien dichas causas; y le permite juzgar hasta qué punto una regla práctica establecida se basa en la razón, hasta qué punto en la mera costumbre y hasta qué punto en el error.

Los efectos de escala que fueron motivo de preocupación para los antiguos, no menos de lo que parecen haberlo sido para Rankine en el siglo XIX, siguen siendo causa de fallos en la actualidad y esto parece ser así en gran medida porque hay diseñadores, que acaso confían demasiado en sus modelos matemáticos e informáticos, y que carecen de una comprensión clara y completa del fenómeno físico del efecto de escala o que no lo tratan con el respeto que merece. En una palabra, parecen adoptar la teoría sin armonizarla plenamente con la práctica.

4
Galileo y la columna de mármol
Paradigma de un cambio de diseño contraproducente

Galileo inicia la primera jornada de su obra *Diálogos acerca de dos nuevas ciencias* narrando varias historias sobre fallos estructurales contemporáneos que resultaban inexplicables desde el estado del arte de la ingeniería del Renacimiento. Como vimos en el capítulo anterior, varios de esos episodios tienen relación con el problema del diferente comportamiento de estructuras de proporciones similares en función de que su tamaño sea mayor o menor, lo que pone de manifiesto el efecto de la escala. Según Galileo, «Así, por ejemplo, una columna o un obelisco u otra figura sólida de pequeño tamaño pueden ciertamente ser erigidos o tendidos desde la vertical al suelo sin peligro de que se rompan, mientras que los de gran tamaño saltarán en pedazos a la menor ocasión, y ello puramente en razón de su propio peso».

La experiencia sola bastaba para alcanzar estas generalizaciones, evidentemente, y sin duda había incluso reglas prácticas que indicaban el tamaño de una columna o un obelisco a partir del cual era necesario tener un cuidado especial a la hora de almacenarlos o levantarlos. Naturalmente, la evidencia empírica del fracaso y las reglas prácticas no bastaban para explicar por qué sucedía un fallo, pero ciertamente podían contribuir a evitar que se produjeran fallos en situaciones que se identificaban como precarias. De hecho, precisamente porque eran conscientes de que contaban con poco más que una comprensión empírica de qué funcionaba y qué podía ir mal cuando intentaban lo que nunca antes se había intentado, puede que los ingenieros del Renacimiento hubieran sido particularmente prudentes en sus intentos de extrapolar lo ya probado a estructuras mayores, e incluso haber estado especialmente atentos al surgimiento de situaciones que pudieran conducir a un fallo. Cuando se planteó transportar el obelisco del Vaticano frente a la iglesia de San Pedro en Roma, por ejemplo, se presentaron numerosas propuestas sobre cómo llevarlo a cabo sin contratiempos (véase la ilustración 4.1; *cf.* Dibner, 1950).

Ilustración 4.1. Propuestas para trasladar el obelisco del Vaticano en 1586. Lámina procedente del libro de Fontana (1590) *Trasportatione dell'Obelisco* (Dibner, 1950).

Entre los relatos que al principio de la primera jornada de *Dos nuevas ciencias* el *alter ego* de Galileo, Salviati, narra a sus interlocutores, Sagredo y Simplicio, se encuentra uno que les promete relatará «una circunstancia digna de vuestra atención, como de hecho lo son todos aquellos sucesos que ocurren de manera contraria a lo que se esperaba, y especialmente cuando una medida precautoria resulta ser la causa del desastre»:

> Una gran columna de mármol fue tendida en el suelo de manera que sus dos extremos descansasen cada uno sobre una viga de madera; algo más tarde se le ocurrió a un mecánico que, con objeto de estar doblemente seguros de que la columna no se quebraría por su parte central a causa de su propio peso, sería prudente disponer un tercer soporte hacia la mitad de su longitud [como se muestra en la ilustración 4.2]; esto pareció a todos una excelente idea...

He aquí un excelente paradigma del proceso de diseño. La columna que descansa sobre las dos vigas (o piedras, como aparece en la interpretación moderna de la ilustración 4.2) es el diseño dado, y el mecánico atento, que podría haber sido incluso el mismo diseñador original, su concienzudo comprobador. Como debe hacer cualquier comprobador competente, éste piensa en las maneras en que podría suceder que la columna no se comportase como se esperaba que lo hiciera: en este caso, simplemente, permanecer almacenada sin romperse. Ahora bien, sabiendo que las grandes columnas (al igual que los obeliscos) pueden romperse bajo su propio peso, el comprobador tiene la idea de disminuir la probabilidad de fallo aumentando la seguridad de esa simple estructura, quizá razonando que añadir un tercer soporte reducirá la carga que el propio material de la columna habrá de soportar a lo largo del tramo que quedaba en el aire entre los otros dos. La buena práctica dicta que el comprobador discuta el cambio de diseño que propone con sus pares y sus superiores a fin de estar seguro de que no está pasando por alto algo en lo que parecer ser una clara mejora, y la buena práctica requiere asimismo que el cambio propuesto reciba la aprobación del ingeniero jefe a cargo de la obra. Nuestro héroe les presenta su propuesta de modificación y todos coinciden en que es una excelente idea. Al punto, el tercer soporte es incorporado. Y todo el mundo se siente ahora más tranquilo porque el sistema de almacenaje así diseñado es más fiable y la columna ha quedado ahora almacenada de un modo más seguro que con la configuración original.

(El lector que, contando con la ventaja de saber que la modificación del diseño se demostró ineficaz, esté interesado en criticar a los responsables renacentistas de tales decisiones podría tal vez tener la gentileza de

Ilustración 4.2. Almacenamiento de una columna de mármol: abajo, con el apoyo original; arriba, con el apoyo modificado (elaborado a partir de Fung, 1977).

mostrarse dispuesto a pararse a pensar en el problema de la columna de mármol en este punto y tratar de hacerse, y responder a ciertas preguntas. ¿Cómo se rompió la columna? ¿Qué hubo en la modificación de los medios de sustentación que resultó desastroso? ¿Qué cambios podían haberse introducido para evitar el desastre? Y, por último, ¿cree probable el lector que, de haberse hallado en aquella situación, habría puesto objeciones al cambio propuesto, o habría exigido que se añadieran otros cambios, sin contar con el conocimiento especial de que precisamente aquello para lo cual se habían adoptado tales medidas, esto es, evitar la fractura de la columna, iba de hecho a suceder?).

Un paradigma de error

Puesto que creían haber solucionado el problema satisfactoriamente, sin duda poco volvieron a pensar el mecánico renacentista y sus colegas en la columna de mármol que descansaba quedamente en el depósito excepto quizá para admirar su propia sagacidad cada vez que pasaban por su lado. De hecho, debido a lo orgullosos que se sentían de cómo habían mejorado el diseño con el soporte añadido, podemos imaginar que probablemente sería este detalle particular el que con mayor frecuencia atraería su mirada cuando pasasen por allí de camino a ocuparse de otros problemas de diseño o construcción más urgentes. Sus pensamientos podrían haber estado ocupados en la columna, mucho mayor, que se estaba erigiendo en la nueva catedral en construcción o en el gran obelisco que se estaba transportando de una plaza a otra. De hecho, no hay la menor duda de que pronto acabaron por dejar de prestar atención, y hasta por olvidarse completamente de la columna que reposaba en el almacén.

Ahora bien, Salviati no había terminado de contar la historia de la columna de mármol. La tranquilidad que para todos había supuesto la adición del tercer soporte iba pronto a transformarse en consternación general, pues la columna iba a romperse. Ciertamente, el tercer soporte «había parecido a todos una idea excelente... mas sus resultados mostraron que era más bien lo contrario, pues no pasaron muchos meses antes de que se hallara la columna resquebrajada y rota exactamente en el punto situado encima mismo del nuevo soporte intermedio».

Simplicio, que en *Dos nuevas ciencias* es generalmente la voz de la antigua tradición, reconoce que el fallo de la columna fue un «accidente muy destacable y absolutamente inesperado, especialmente si la causa fue el nuevo soporte emplazado bajo su parte central». Salviati se muestra de acuerdo en que ésa fue, en efecto, la causa, pero, dirigiéndose a Simplicio y Sagredo, apostilla que «en el momento en que se conoce la causa, la sorpresa se desvanece». Salviati procede acto seguido a explicar cómo se produjo el fallo y su descripción de la secuencia de los hechos continúa siendo hasta el día de hoy un modelo de análisis de fallo:

> [C]uando los dos fragmentos de la columna fueron colocados sobre el suelo nivelado pudo observarse que, al cabo de largo tiempo, una de las vigas situadas en un extremo se había podrido y hundido, en tanto que la situada en el medio permanecía recia y fuerte, lo cual fue causa de que la mitad de la columna se proyectase en el aire sin sustentación alguna. Consiguientemente, el cuerpo, en estas circunstancias, se comportó de manera diferente a cómo lo habría hecho si hubiera estado sostenido únicamente por las dos primeras vigas, pues por mucho que éstas hubieran podido hundirse, la columna habría continuado descansando sobre ambas.

En otras palabras, la cuestión misma que constituyó la inquietud primera del concienzudo mecánico, que la columna almacenada pudiera no soportar su propio peso, demostró ser una preocupación legítima. El mecánico previó que la columna se rompería resquebrajándose de abajo a arriba, hacia su zona central, y que sus dos mitades se desplomarían hacia adentro entre los soportes de los lados, pero no previó que modificar los elementos de sustentación afectaría al conjunto del sistema estructural e introduciría la posibilidad de una forma diferente de fallo, una forma en la que la mitad de la columna se proyectaría sin soporte alguno como una viga voladiza. Puede que, de hecho, el sistema de soportes original fuera escasamente seguro, pero la colocación natural de los soportes un tanto hacia el interior de los extremos de la columna hacía que el peso de ésta constituyera una condición de carga menos crucial que la que se dio sobre un tercer soporte cuidadosamente diseñado y centrado cuando los soportes originales se pudrieron. Si, por ejemplo, hubiéramos dividido la columna en ocho segmentos y los soportes originales hubieran estado situados bajo dos de los extremos, la máxima tensión de pandeo en el extremo suspendido de la columna con el sistema modificado podría haber llegado a ser incluso el doble de la que habría sufrido la porción central desprovista de sustentación del diseño original. La ilustración de los dos tipos de fallo que ofrece el propio Galileo, y que no presenta hasta después de haberlos analizado a su entera satisfacción en la segunda jornada de *Dos nuevas ciencias,* se muestra en la ilustración 4.3.

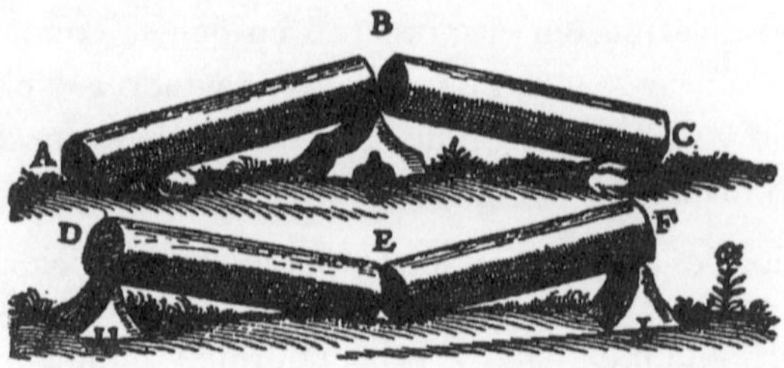

Ilustración 4.3. Ilustración de Galileo de los dos modos de fallo (Galileo, 1638).

El problema del diseño y la prevención de fallos

El error que relata Galileo sucede con harta frecuencia en el ámbito del diseño: empezar el análisis de un problema por la mitad y olvidarse de regresar al comienzo. Toda solución a cualquier problema de diseño comienza, por tácitamente que sea, con alguna concepción de cómo prevenir el fallo en todas sus posibles manifestaciones potenciales. Aunque lo prioritario, por encima de cualquier otra cosa en la formulación del problema original, es entender qué se debe lograr y qué se debe evitar, el mejor modo de plantearse cómo alcanzar los objetivos buscados y cómo eludir las consecuencias no deseadas, es reflexionando sobre ellas en términos de prevención de fallos.

En el caso de la columna de mármol, los objetivos positivos podrían haber incluido el mantener la columna limpia y en una posición desde la que pudiera ser retirada fácilmente cuando se la necesitase, amén de conservarla intacta de forma segura mientras tanto. La descripción operativa de estos objetivos positivos encuentra una formulación mejor en términos negativos: los objetivos del diseño de un sistema de almacenaje de columnas eran que éstas no descansasen sobre el suelo húmedo, lo que posiblemente podía decolorarlas; que no fuera difícil moverlas cuando se las necesitase, y que no corrieran peligro de romperse. La experiencia —que habría consistido, virtualmente en su totalidad, en malas experiencias— habría aportado algunas observaciones negativas. Una columna de mármol que descansase directamente sobre el suelo se ensuciaría y se cubriría de moho, y cuando hiciera falta levantarla sería difícil introducir palancas, o bien las manos, debajo de ella sin ocasionarle daños. Una columna almacenada en una posición más vertical como, por ejemplo, recostada contra una pared, probablemente correría peligro de resquebrajarse, como un obelisco sin sustentación, o de resbalar, caer y romperse. Partiendo de algunas malas experiencias no es difícil imaginar cómo pudo surgir la concepción de almacenar una columna en posición horizontal sobre dos soportes: ese sistema la mantenía elevada sobre el suelo húmedo y facilitaba la operación de introducir por debajo de ella las manos o algún otro dispositivo elevador cuando fuera necesario trasladarla. Además, no es probable que una columna horizontal se caiga, y ofrece la ventaja añadida de que se la puede acanalar o labrar de otro modo en una posición cómoda para el cantero y el escultor.

Es probable que las columnas hayan sido almacenadas y labradas en esa posición durante siglos antes del Renacimiento. No obstante, puede que se hubiera ido acumulando experiencia negativa, incluyendo la rotura de columnas cada vez más grandes, algunas de las cuales incluso habrían cedido precisamente por su parte central mientras estaban almacenadas, o quizá se rompieran cuando un grupo de trabajadores se sentó sobre ellas para almorzar, o cuando un golpe de mazo particularmente fuerte dio sobre una porción debilitada del mármol. En un clima semejante, de fallos en aumento, no es sorprendente que un mecánico pueda haber tenido la idea de mejorar el sistema de dos soportes existente para reducir la posibilidad de que se rompiera una columna de la que era en cierta medida responsable.

No obstante, como ocurre con tantas otras modificaciones de conceptos de diseño, parece que el cambio fue concebido y efectuado sin apenas pensar más allá del hecho de cómo mejoraba el aspecto particular del diseño original cuya insuficiencia se había observado. Dado que se suponía que la columna colocada sobre dos soportes corría peligro de quebrarse por su propio peso, la idea de transferir parte de ese peso a un nuevo soporte situado bajo el punto donde podría producirse la fractura parecía lógica. No obstante, sobre la base de consideraciones tan estrechas no se realiza buen diseño, y es responsabilidad de quien efectúa el rediseño pensar exhaustivamente cómo interactuará la modificación que ha introducido con el resto del sistema, tal como ha quedado reconfigurado, no menos que la manera como esa modificación satisface los objetivos originales de problema de diseño. En el caso de la columna de mármol, la idea de añadir un tercer punto de apoyo debería haber ido acompañada de una serie de reflexiones deliberadas acerca de la posibilidad de que la columna dispuesta sobre el nuevo sistema de soportes se ensuciase más, fuera más difícil de izar o pudiera romperse de alguna otra manera.

El paradigma en el caso de otros diseños

En el prefacio a su seminal investigación sobre la resistencia de materiales, Galileo no se limita a narrar el episodio de la columna de mármol, sino que, como se indicó en el capítulo 3, se refiere también al caso de los grandes buques de madera que se hacían pedazos durante su botadura. Los constructores de barcos del Renacimiento sabían de esos sucesos y cuando construían nuevos barcos de gran tamaño, que habían sido diseñados basándose en principios puramente geométricos, adoptaban precauciones extraordinarias; pero carecían de una teoría de la resistencia de materiales que explicase por qué la versión a mayor escala de un barco pequeño, resistente y marinero se comportaba de modo tan diferente. Galileo, por su parte, amerita el haber advertido la similitud fundamental entre el problema de los barcos de madera, el de la columna de mármol y el de la viga voladiza (que se discutirá en el capítulo 5, y que constituye el principal foco de su análisis en la segunda jornada de *Dos nuevas ciencias).* Para los diseñadores es sin duda de una utilidad inestimable el recordar, de la mano de Galileo, que objetos aparentemente diferentes pueden comportarse de maneras asombrosamente similares. De la misma forma, la capacidad de establecer amplias analogías puede constituir una ayuda de incalculable valor para prever el posible fallo de los diseños nuevos.

En el siglo XIX empezaron a construirse grandes buques de hierro. En su *Treatise on Iron Shipbuilding* (1865) William Fairbairn ilustró las formas extremas en que un barco podía sostenerse sobre las olas, reproducidas aquí en la ilustración 4.4. La observación de que, dadas ciertas condiciones de la mar, una gran parte del peso del barco descansaría esencialmente sobre dos

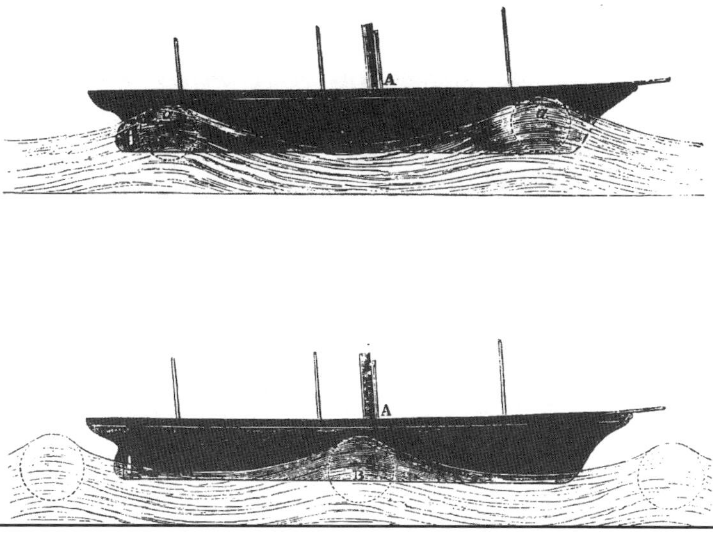

Ilustración 4.4. Ilustración de William Fairbairn de los puntos de apoyo de un barco en el mar. Arriba, sostenido sobre las crestas de dos olas; abajo, sostenido por la cresta de una sola ola (Fairbairn, 1865).

olas situadas en sus extremos y, de forma alterna, sobre una única ola bajo su sección central, puede evocar, sin un excesivo esfuerzo de imaginación, las columnas de Galileo (como mostraba la ilustración 4.3). Condiciones de sustentación análogas podían darse cuando un barco encallaba en un fondo rocoso o en un banco de arena o durante su botadura. Incluso sin contar con una teoría analítica de las estructuras merced a la cual poder calcular la intensidad de las tensiones que sufriría un barco en esas circunstancias, un diseñador naval debería haber sido capaz de ver que el peligro de que el barco pudiera romperse debido a la debilidad de su cubierta no era menor al de que lo hiciera a causa de la debilidad del fondo de su casco.

Gracias a su experiencia con los puentes tubulares de Conway y Britannia (véase el capítulo 7), y al hecho de que contemplaba los barcos como grandes vigas tubulares flotantes, Fairbairn sabía que los cascos de los buques debían ser tan resistentes en su parte superior como en la inferior, y no sólo a la tensión, sino también a la compresión, para evitar que se produjeran fracturas por compresión (o por pandeo). Criticó la práctica de su época, generalmente dictada por Lloyd's y otras compañías aseguradoras, y recomendó que se introdujeran cambios en las reglas y las normativas entonces prevalecientes en el diseño naval. En particular, Fairbairn propuso utilizar la longitud del buque, así como su capacidad, para determinar la cantidad de material que debía emplearse en la construcción de su casco, reforzando su sección central en comparación con la proa y la popa y usando tanto material en la cubierta como en el casco.

Estas concepciones de diseño condujeron claramente a mejoras estructurales; durante el siglo siguiente, sin embargo, en el curso de la evolución del arte de la construcción naval, y a medida que se introducían nuevos materiales y técnicas, se introdujeron también nuevas formas de desencadenar viejos fallos. En particular, durante la Segunda Guerra Mundial el hierro forjado dio paso al acero y las uniones mediante remaches fueron sustituidas por soldaduras, a consecuencia de lo cual muchos de los llamados «buques Liberty» sufrieron a comienzos de la década de los cuarenta el destino que muestra la ilustración 4.5. El parecido con la columna rota de Galileo (ilustración 4.3) es sorprendente. La mecánica estructural había avanzado en esa época lo bastante como para permitir calcular las presiones y tensiones capaces de partir un barco en dos; pero la causa de esas catastróficas fracturas por debilitamiento no fueron meros errores de cálculo sino sutiles cambios efectuados en el diseño. La unión de planchas superpuestas mediante remaches había servido para impedir eficazmente la extensión de cualquier grieta que pudiera abrirse en el casco, lo que permitía ganar tiempo hasta que pudiera ser reparada a la primera oportunidad. La construcción a base de soldaduras no sólo había eliminado esos obstáculos del camino de las grietas que se abrieran sino que, además, el propio proceso de soldadura volvía más quebradizo el acero ad-

Ilustración 4.5. El fallo de un buque Liberty, hacia 1940 (Richards, 1971, con autorización de The Welding Institute).

yacente y hacía que esos buques, en circunstancias como las que condujeron a la fractura que muestra la ilustración 4.5, se comportasen en buena medida como si su casco estuviera hecho de cristal.

A pesar de todos nuestros avances en materia de análisis, en último término, la secuencia fundamental de las preguntas que debe plantearse cualquier diseño sigue siendo (véase Petroski, 1985): (1) ¿Cómo puede suceder un fallo? (2) ¿Qué componente del diseño puede evitar ese modo de fallo sin introducir otro? Los paradigmas como el relato de la columna de Galileo pueden ayudar a que estas preguntas no se olviden nunca y vayan siempre por delante del resto del proceso, incluso en casos donde la analogía resulta menos obvia que en el diseño naval.

Todo cambio en un diseño, afecte a su geometría, a los materiales o al proceso, puede introducir nuevos modos de fallo o posibilitar la activación de modos de fallo latentes. De esto se sigue, pues, que cualquier cambio que se haga en un diseño, no importa lo benigno o beneficioso que pueda parecer, debe analizarse teniendo en mente los objetivos del diseño original. Una estructura diseñada al modo establecido puede ser perfectamente segura, mientras que un diseño «mejorado» o aumentado de tamaño puede esconder sorpresas muy desagradables. Esto no implica que nunca deberían modificarse las viejas formas de hacer las cosas; actuar así constituiría un modo igualmente irresponsable de ejercer la ingeniería. De hecho, un crítico (Anónimo, 1989) de las prácticas actuales en la construcción naval ha señalado que en la década de los ochenta se perdieron en el mar en torno a ciento sesenta grandes buques, algunos de los cuales se hundieron por causa de fallos estructurales, fallos que pudieron deberse a falta de imaginación o de previsión en su diseño. En un informe acerca de esta problemática, Richard Bishop, un arquitecto naval, opinaba que, en lugar de «sentarse y diseñar un barco y luego poner a prueba sus ideas, [los arquitectos navales] pueden acudir a las reglas elaboradas por Lloyd's, que saben por la experiencia acumulada que funcionan». Desafortunadamente, cuando el diseño de grandes barcos se basa en reglas extrapoladas a partir de la experiencia adquirida con barcos más pequeños, algo que puede parecerle a todo el mundo una excelente idea, puede derivar en fallos estructurales catastróficos y graves vertidos de petróleo.

Un uso imaginario del paradigma

Un cambio de diseño al que nadie parece haber puesto objeciones fue la causa de un accidente estructural en el que murieron más de cien personas, en el Hotel Hyatt Regency de Kansas City, en 1981 (véase Marshall *et al.*, 1982; Petroski, 1985). La analogía con el paradigma de Galileo es aquí menos visual que conceptual, pero existen, no obstante, importantes paralelismos entre ambos casos.

El concepto de diseño original del sistema de sustentación de las pasarelas suspendidas consistía en unas largas barras verticales sujetas al techo que pasaban a través de unas vigas cajón (vigas tubulares de sección cuadrangular) situadas bajo la pasarela del cuarto piso y luego de las vigas del mismo tipo ubicadas bajo la pasarela del segundo piso, como muestra la ilustración 4.6. La carga transmitida al extremo de cada viga debía recaer sobre una arandela que a su vez descansaba sobre una tuerca fijada a un segmento roscado de la barra vertical. El problema obvio de diseño en cuanto al detalle de esa conexión era cómo dimensionar la viga cajón, la barra, la arandela y la tuerca de manera que soportasen el peso muerto de la correspondiente porción de pasarela, además de cualquier carga dinámica que circulase por ella, sin que la tuerca resbalase y sin que la barra se partiera o desgarrase el extremo de la viga y se saliera del cajón. El diseño original, situado a la derecha en la ilustración 4.7, parece haberlo conseguido eficazmente. Aunque subsisten dudas sobre si se cumplió el código de edificación, las pruebas posteriores al accidente demostraron que el factor de seguridad de las conexiones diseñadas originalmente era aproximadamente de dos. En otras palabras, las pasarelas deberían haber tenido una resistencia de reserva igual a la necesaria simplemente para mantenerse colgadas en su sitio soportando su propio peso. Si no se hubieran introducido los cambios fatales y el accidente subsiguiente no hubiera atraído la atención sobre sus detalles, es muy probable que las pasarelas fueran todavía hoy unas estructuras en uso y carentes de toda notoriedad.

Sin embargo, se propuso un cambio en el sistema de sustentación de las pasarelas con el que todas las partes involucradas estuvieron de acuerdo. El cambio, que se muestra a la izquierda de la ilustración 4.7, consistía en sustituir cada una de las largas barras por un par de barras fijadas a las vigas cajón de la pasarela superior. Esta modificación permitía utilizar barras más cortas, que eran más fáciles de obtener y de instalar, y puede que, además, permitiera evitar algunos aspectos confusos de la implementa-

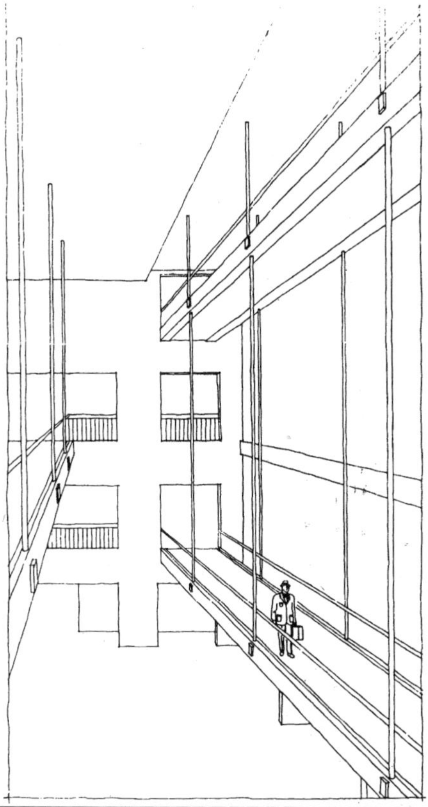

Ilustración 4.6. Representación arquitectónica de las pasarelas colgantes del Hotel Hyatt Regency de Kansas City (Marshall *et al.*, 1982).

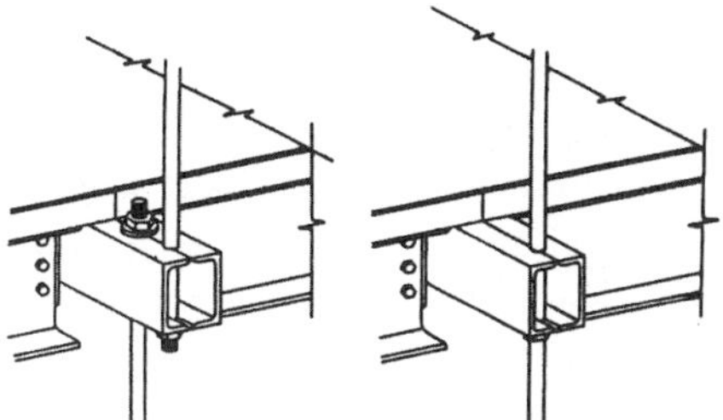

Ilustración 4.7. Detalle de la conexión de la pasarela suspendida superior del Hotel Hyatt Regency de Kansas City que falló en 1981: a la izquierda, como fue construida; a la derecha, según el diseño original (Marshall *et al.*, 1982).

ción del diseño original. Ahora bien, la nueva disposición significaba que sobre la arandela y la tuerca situadas bajo la viga cajón de la pasarela superior recaería no sólo el peso de ésta, sino el de ambas pasarelas, lo que de hecho duplicaba la resistencia requerida a la conexión que debía ser capaz de ofrecer. Y ni la viga cajón, ni la arandela y la tuerca situadas debajo de ella, parecen haber sido redimensionadas en el diseño modificado. A consecuencia de ello, el diecisiete de julio de 1981, la sobrecarga de un grupo de espectadores situados en la pasarela superior hizo que la arandela, la tuerca y la barra desgarraran la viga cajón (véase la ilustración 4.8) y las dos pasarelas se desplomaran.

Puede que nunca sepamos con certeza si el motivo de la modificación del diseño fue la comodidad o si se pretendía mejorar la seguridad reduciendo la posibilidad de que las largas barras resultasen debilitadas si se las maltrataba de algún modo durante la construcción, pero cualquiera que sea la razón de un cambio sus implicaciones deben contrastarse con los objetivos del diseño original, que en este caso incluían los imperativos de que la barra no se rompiera ni perforase la viga. Es evidente que no se llevó a cabo una reconsideración semejante con el cuidado que hubiera sido necesario. En consecuencia, las pasarelas, tal como fueron construidas, tenían un factor de seguridad que apenas superaba la unidad en lo tocante a que las barras no desgarrasen las vigas cajón. Las conexiones podían soportar (a duras penas) el peso de las pasarelas mismas, y el peso adicional de las personas que se situaron sobre ellas para mirar el baile que se celebraba en la planta baja evidentemente sobrecargó el escaso margen de seguridad del diseño.

El conocimiento del relato de Galileo sobre la columna de mármol y la apreciación de sus implicaciones para la comprobación de las consecuencias de los cambios introducidos en un diseño podrían haber alertado a alguna de las personas que participaron en el rediseño de las pasarelas sobre la existencia de un detalle que era necesario comprobar de nuevo. Unos sencillos cálculos perfectamente al alcance de un estudiante de segundo curso de ingeniería, aun cuando fueran meramente aproximativos, habrían bastado para detectar el error cometido en la sustentación de la pasarela. Pero los cálculos nunca se realizan en abstracto; alguien ha de tener motivos para hacerlos y debe darse cuenta de su relevancia y significación en la aparición de un modo de fallo diferente o nuevo. Lo que hace del desplome de las pasarelas de Kansas City un caso de estudio especialmente trágico es que el modo de fallo crítico, el consistente en que el mayor peso hiciera que la barra desgarrase la viga cajón (como se muestra en la ilustración 4.8), era un modo de fallo que debería haber sido tomado en consideración desde un principio, cuando menos implícitamente, al dimensionar la conexión.

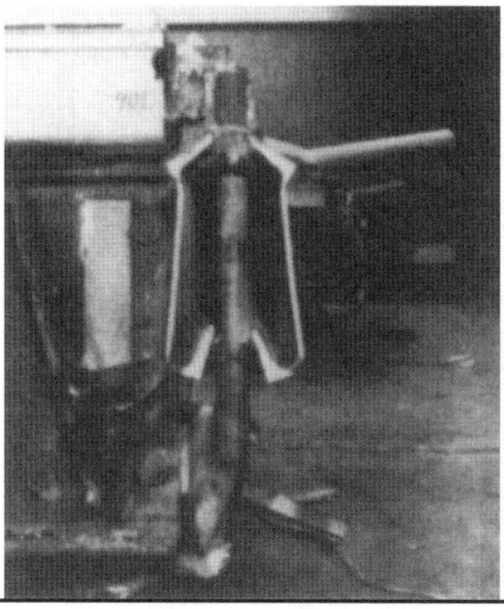

Ilustración 4.8. La conexión de la pasarela que se rompió (Marshall *et al.*, 1982).

Conclusión

Los diversos ejemplos de barcos y pasarelas referidos en este capítulo pueden complementarse con otros escenarios de diseño en los que podría imaginarse el modo de emplear con efectividad este paradigma. Los robustos cohetes secundarios de la lanzadera espacial, por ejemplo, fueron diseñados a partir de los del cohete *Titan III,* un diseño probado. El *Titan* fue un cohete que funcionó muy bien y cuyas ensambladuras contenían una sola junta tórica. Al adaptar este diseño para su empleo en la lanzadera se argumentó que añadir una segunda junta tórica (ilustración 4.9) mejoraría todavía más la fiabilidad del diseño (véase, por ejemplo, Bell y Esch, 1987; Mark, 1987). Todos aquellos que tenían algo que decir al respecto estuvieron evidentemente de acuerdo con esta lógica y la creencia en la robustez y la fiabilidad de la ensambladura con dos juntas tóricas pudo haber contribuido a decidir el lanzamiento del *Challenger,* bajo condiciones meteorológicas desaconsejables, el veintiocho de enero de 1986 (*cf.* U.S. Presidential Commission, 1986). Irónicamente, el rediseño de la lanzadera espacial a raíz de la explosión del *Challenger* incluyó la introducción de una *tercera* junta tórica en ensambladuras de importancia crítica, presumiblemente para incrementar aún más la fiabilidad. No hay ninguna duda de que la familiaridad con un paradigma como el de la columna de mármol de Galileo debería prevenirnos contra la creencia de que más es necesariamente mejor en lo que a la fiabilidad estructural o mecánica se refiere; y si hacemos caso de esta advertencia obtendremos como resultado una mayor precaución real en la elaboración de futuros diseños.

El valor de un paradigma como el relato de Galileo sobre la columna de mármol no radica en su narración literal sino en su capacidad para suscitar la evocación de analogías que induzcan a aplicar precauciones de carácter general. Si esas precauciones llegasen a resultar tan familiares e intuitivas para los diseñadores como lo son las reglas prácticas que han extraído de los éxitos, entonces los paradigmas precautorios podrían servir realmente para reducir el error humano y aumentar así la fiabilidad de los diseños.

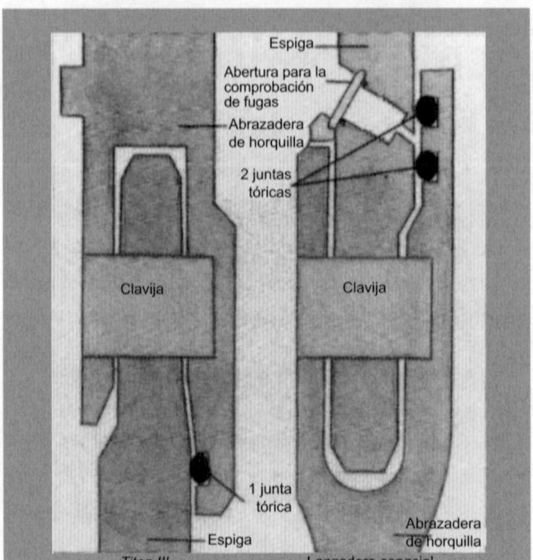

Ilustración 4.9. Diseño de las juntas tóricas de los cohetes secundarios del *Titan III* y la lanzadera espacial (Bell y Esch, 1987, con autorización de The Institute of Electrical and Electronics Engineers; © 1987 IEEE).

5
Galileo confirma una hipótesis falsa
Un paradigma de error lógico en el diseño

ENTRE LOS SUPUESTOS MÁS DECISIVOS para la solución de cualquier problema de ingeniería, sea un problema de ciencia de la ingeniería o de diseño de ingeniería, está la suposición de cómo se producirá cierto modo de fallo. En realidad, son las ideas preconcebidas del analista o el diseñador acerca de los fallos las que guían su análisis o su diseño (el cual, más allá de la conceptualización, avanza necesariamente mediante alguna forma de análisis) y virtualmente todos los cálculos teóricos y las medidas experimentales que se efectúan sobre cualquier modelo analítico o a escala de un sistema, sea real o proyectado, obtienen su significación máxima de su relación con el modo en que se imagina que el sistema puede llegar a fallar, en la teoría o en la práctica.

Como ilustración de estas ideas, este capítulo expondrá un problema fundamental que Galileo (1638) identificó como central para la determinación de la resistencia de los materiales. El famoso problema de la viga voladiza de Galileo puede considerarse como un paradigma de todos los problemas de diseño en ingeniería y el análisis erróneo que hace de él puede servir como un paradigma del error lógico en la solución de tales problemas. El indiscutible genio de Galileo y la innegable grandeza de sus numerosas aportaciones a la ingeniería mecánica hacen que su error constituya una base todavía más idónea para un paradigma cuya intención es subrayar con que facilidad cualquiera de nosotros puede cometer un error.

El planteamiento de Galileo del problema de la viga voladiza

Los varios ejemplos de fallos notorios de la ingeniería del Renacimiento con que Galileo comienza su tratado servían como contraejemplos frente a la hipótesis entonces dominante de que bastaba la geometría para analizar y diseñar estructuras y máquinas. Por el contrario, afirma Galileo, si han de evitarse futuros fallos, la geometría debe contar con el complemento del conocimiento de la resistencia de los materiales. Galileo postula como un «hecho fundamental» que todos los sólidos tienen un punto de fractura:

> Para advertir esto con mayor claridad, imaginad un cilindro o un prisma, AB, hecho de madera o de otro material sólido que se mantenga cohesionado. Asegurad su extremo superior, A, a un soporte de tal modo que el cilindro cuelgue verticalmente. Al extremo inferior, B, fijad ahora un peso, C. Es evidente que por grandes que puedan ser la tenacidad y la cohesión entre las partes del sólido, siempre que no sean infinitas, pueden ser vencidas por la tracción del peso C, peso que puede ser aumentado indefinidamente hasta que, finalmente, el sólido se rompe como si fuera una cuerda.

La representación gráfica que ofrece Galileo, reproducida aquí en la ilustración 5.1, puede verse como el diagrama de una prueba de tensión diseñada para medir la máxima resistencia a la tensión del material de que está formado el objeto AB. Después de haber dedicado la mayor parte de la primera jornada de sus diálogos a digresiones «que tratan de la resistencia que los sólidos ofrecen a la fractura», a principios de la segunda jornada Galileo observa que

> si bien esta resistencia es muy grande en el caso de una tracción directa [como en la ilustración 5.1], se advierte, como regla general, que es menor en el caso de fuerzas de flexión. Así, por ejemplo, una varilla de acero o de vidrio soportará una tracción longitudinal de mil libras de peso, mientras que bastarán cincuenta para romperla si se la asegura a una pared formando ángulo recto con ella.

De este modo introduce Galileo el problema fundamental de la viga voladiza, ejemplificado en la famosa figura que reproducimos aquí en la ilustración 5.2.

Empleando terminología moderna, el problema se formula esencialmente como sigue: dando por supuesto un comportamiento perfectamente elástico, y dado que la máxima resistencia a la tensión del material

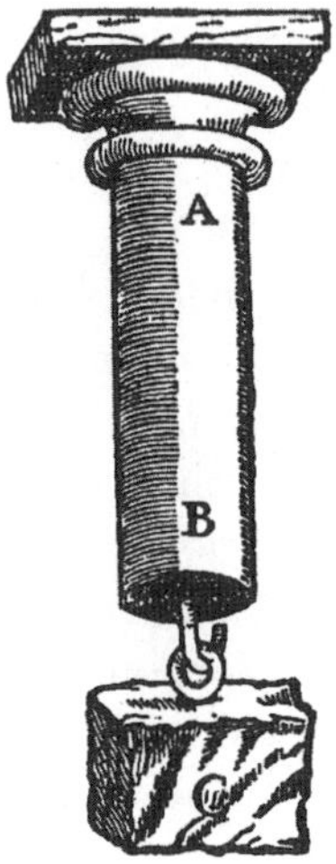

Ilustración 5.1. Representación de Galileo de una prueba de resistencia a la tensión (Galileo, 1638).

Ilustración 5.2. La viga voladiza de Galileo (Galileo, 1638).

haya sido medida en tensión pura, como en la ilustración 5.1, determinar la carga que puede soportar el extremo de una viga voladiza del mismo material y una sección transversal dada. (De manera alternativa y equivalente, pueden especificarse la resistencia del material, la carga, la distancia de ésta a la pared y las proporciones de la sección transversal de la viga, habiendo de determinarse dicha sección). La forma en que Galileo aborda este problema constituye el ejemplo más antiguo que ha llegado hasta nosotros de un tratamiento racional que utiliza algo más que argumentos puramente geométricos, y las conclusiones a las que llega le permiten explicar multitud de fenómenos mecánicos hasta entonces desconcertantes, entre ellos la resistencia de las palancas y de las vigas sujetas por un único soporte, que pueden ser analizadas como dos vigas voladizas, una a continuación de otra, cada una de ellas sostenida por su imagen especular a través de un plano de simetría vertical. Además, la comprensión de los principios de la resistencia de una viga voladiza uniforme permitió a Galileo plantearse y dar respuesta a cuestiones como cuál debería ser el perfil de una viga que, empleando el mínimo material, tuviera la misma resistencia en toda su extensión. Éste es, por descontado, un problema de optimización del diseño y usando los resultados de Galileo a modo de teoría predictiva llegaría a resolverse este problema.

La hipótesis central de Galileo y su aparente confirmación

La proposición primera y fundamental que Galileo se propone establecer se refiere a la naturaleza de la resistencia a la fractura de una viga voladiza ingrávida con una carga puntual concentrada en su extremo. Naturalmente, a fin de caracterizar el problema, Galileo debe hacer alguna suposición sobre cómo fallará la viga y elaborar a partir de ahí el razonamiento que explique ese modo de fallo rector. Los diálogos que Galileo escribió en el siglo XVII no contienen diagramas de fuerzas ni ecuaciones como las conocemos hoy en día, pero su razonamiento puede exponerse fácilmente mediante diagramas de cuerpo libre y es sencillo de trasponer algebraicamente. No cabe negar que estos recursos auxiliares modernos constituyen un anacronismo, pero nos procuran el medio más conciso para transmitir la esencia del paradigma.

Galileo enuncia su suposición fundamental sobre el comportamiento de la viga voladiza de la ilustración 5.2 del siguiente modo:

> Es evidente que, si el cilindro se rompe, la fractura ocurrirá en el punto B, donde el borde de la hendidura del muro en la que está sujeta la viga actúa como fulcro de la palanca BC, sobre la que se aplica la fuerza; el grosor del sólido BA es el otro brazo de la palanca, a lo largo del cuya longitud se sitúa la resistencia. Esta resistencia se opone a la separación de la parte BD, que sobresale de la pared, de la porción que queda embutida dentro de ésta.

En otras palabras, Galileo ve que la viga voladiza se rompe por la sección AB de una forma muy similar a como se rompe el cilindro de la ilustración 5.1, uniformemente a lo largo de la sección. Un moderno diagrama de cuerpo libre mostraría la suposición de Galileo sobre distribución de la tensión al borde del muro tal como muestra la ilustración 5.3, que asimismo define los símbolos que emplearemos en nuestra exposición.

El lector contemporáneo que haya cursado una asignatura de segundo año de ingeniería sobre resistencia de materiales podrá reconocer inmediatamente el error de Galileo, que consiste en asumir que la tensión mecánica ejercida a lo largo de la sección AB es uniforme, por no mencionar su absoluta omisión de la deformación por esfuerzo cortante. Resulta instructivo tratar de ver cómo pudo cometer semejante error un ingeniero científico del Renacimiento. Para representar a escala reducida y de manera exagerada la acción de la viga voladiza de la ilustración 5.2 podemos sostener el extremo afilado de un lápiz entre los dedos pulgar e índice de

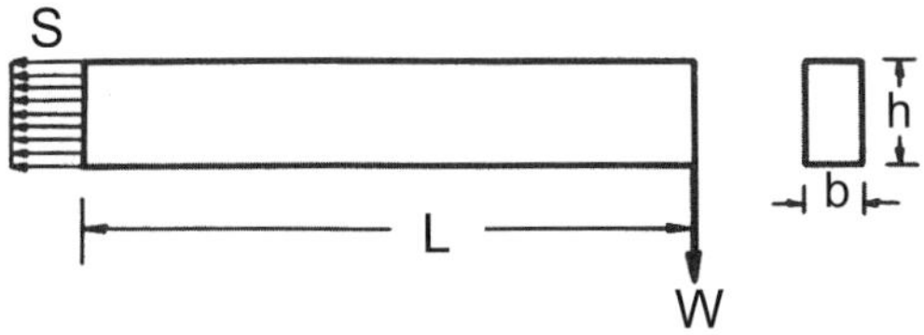

Ilustración 5.3. Representación moderna de la suposición fundamental de Galileo sobre la sustentación de una viga voladiza (dibujado por Fred Avent, Departamento de Ingeniería Civil y Medioambiental, Universidad de Duke).

la mano izquierda y presionar hacia abajo el extremo de la goma con el índice de la mano derecha. Con ayuda de este modelo físico tan simple se ve fácilmente cómo se puede identificar el punto B como el fulcro, ya que parece evidente que el lápiz rota sobre ese punto. Puede que sean necesarias una sujeción más firme y una presión bastante más fuerte para romper el lápiz, pero es patente que resulta factible. Es más probable que Galileo hubiera usado algo parecido a una ramita o una varilla de vidrio, fuera en un experimento real o mental. Si hubiera dispuesto en voladizo una varilla de vidrio y la hubiera flexionado hasta quebrarla, las superficies de fractura se habrían creado con tal rapidez que habría resultado imposible apreciar diferencia alguna entre el modo de fallo de la viga voladiza y el del cilindro sometido a una carga uniforme. Y en el caso de un material tan quebradizo como el cristal, y para un ojo que no contase con el auxilio de las técnicas de fractografía de finales del siglo XX y poco avezado en la topografía de las superficies de fractura, el aspecto de la varilla rota, ya lo hubiera sido por flexión o por tracción, habría parecido en gran medida el mismo. Así pues, podría decirse que la hipótesis de una resistencia (o tensión) uniforme en la sección AB había sido confirmada por la observación y, por consiguiente, el analista podía seguir adelante con confianza.

El siguiente paso de Galileo le lleva a razonar que la viga se romperá cuando el producto de la resistencia uniforme (es decir, de la tensión o carga por unidad de área, multiplicada por el área sobre la que actúa) multiplicada por su momento equivalente o brazo de palanca (esto es, la mitad de la distancia AB) sea igual a la fuerza aplicada a su extremo multiplicada por el brazo (es decir, la longitud de la viga). En terminología algebraica, y empleando los símbolos de la ilustración 5.3, L es la longitud de la viga, b y h son, respectivamente, el canto y el ancho de su sección transversal y S es la tensión (que se supone uniforme) que experimenta la viga en su punto de sujeción en la pared; el peso *W* que Galileo razona que podría soportar una viga de resistencia uniforme es:

$$W = Sbh^2 \ / \ 2L \tag{5.1}$$

Habiendo establecido su primera proposición, expresada aquí mediante la ecuación (5.1), Galileo estuvo en condiciones de proceder a demostrar la validez de otras proposiciones, que a su vez confirmaban la validez de la primera. En su proposición II, por ejemplo, Galileo examina la resistencia a la fractura de un prisma o un tablero cuya anchura es mayor que su grosor, como muestra la ilustración 5.4. Representando la anchura *ac* como *h* y el grosor *bc* como *b*, la ecuación (5.1) predice el peso máximo *W*. Sin embargo, cuando el tablón está orientado horizontalmente, de forma que *h* y *b* intercambian sus papeles, la ecuación (5.1) predice entonces que el peso máximo *X* que el tablón puede soportar es:

$$X = Shb^2 \ / \ 2L \tag{5.2}$$

De aquí se deduce que la razón entre la resistencia del tablón orientado verticalmente con respecto a la que posee orientado horizontalmente es *W* : *X*, es decir, *h* : *b*. En la ilustración de Galileo, esa ratio es aproximadamente 5 : 1, y el aumento de resistencia predicho podría haber sido confirmado fácilmente por algunos experimentos sencillos. De este modo, el supuesto fundamental acerca del modo de fallo, que no era objeto de atención en sí mismo en esta comparación de resistencias relativas, habría visto aumentar su grado de confirmación, sin embargo, merced a la predicción aparentemente correcta que se infería de él.

Ilustración 5.4. Figura con que Galileo ilustra la fuerza relativa de un mismo tablón orientado de dos maneras diferentes (Galileo, 1638).

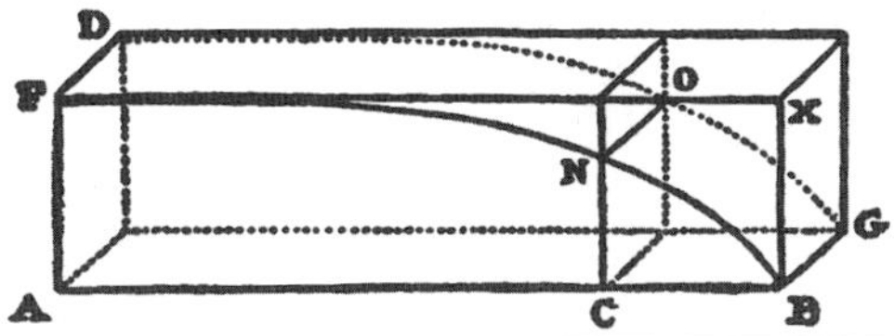

Ilustración 5.5. Figura de Galileo que representa una viga de resistencia igual en toda su longitud (Galileo, 1638).

A renglón seguido, Galileo pasa a demostrar la validez de otras proposiciones basadas en el razonamiento expresado en la ecuación (5.1), muchas de las cuales tienen que ver con efectos del cambio de escala y con las resistencias relativas de vigas geométricamente similares. En consecuencia, las ratios involucradas en esas proposiciones ocultan la absoluta incorrección de la ecuación (5.1). Incluso Descartes, el crítico contemporáneo de Galileo, parece haber quedado convencido de la validez del supuesto, en vista de que de él se inferían resultados familiares, e incluso el resultado, por entonces novedoso, de que la forma de una viga de resistencia uniforme en toda su extensión habría de ser semiparabólica (como muestra la ilustración 5.5), resultado que Descartes creía aproximadamente correcto (Drake, 1978). Pero con cada nuevo respaldo empírico y con cada proposición aparentemente correcta derivada de ella, la corrección de la proposición fundamental se habrá tornado más y más incuestionable. Y puesto que en la práctica del diseño la fórmula probablemente se haya empleado introduciendo un factor de seguridad intuitivo, y sustancial, sus buenos resultados empíricos habrán aumentado la confianza que la proposición suscitaba. De facto, cada diseño de éxito aparente derivado de ella se habrá evaluado como una nueva confirmación de su verdad. Y cuanto mayor haya sido el periodo de tiempo a lo largo del cual se hayan obtenido resultados positivos a partir de ella, menor habrá sido la probabilidad de que el falso supuesto implícito en un resultado como la ecuación (5.1) fuera puesto al descubierto casualmente. De hecho, si pasado algún tiempo algo fuera mal en un diseño que emplease esa fórmula es más probable que la causa del fallo se buscase (y seguramente también que se la encontrase) en cualquier otra parte antes que en la «bien establecida» ecuación. Esto sería ciencia normal, en ingeniería, en el sentido de Kuhn (1962). Los libros de Addis (1990) y Benvenuto (1991) sitúan el problema de Galileo en una perspectiva histórica y filosófica más amplia con objeto de mostrar este hecho de manera aún más evidente.

La corrección del error

Cuando a finales del siglo XVII se enunció la ley de Hooke, que relacionaba la fuerza con la extensión en los materiales elásticos, se instauró un marco conceptual en el que los supuestos explícitos de Galileo sobre la localización del fulcro de la viga voladiza y su resistencia uniforme a la fractura (unidas al supuesto implícito de que sus fibras tenían extensión nula) resultaban incompatibles con la manera en que a partir de esa época se entendió que funcionaban las cosas. La existencia de un fulcro en el punto B (de la ilustración 5.2) implica que la extensión de las fibras de la viga aumenta linealmente a partir del fulcro. Por consiguiente, otro tanto ocurre con la resistencia o la tensión. Como muestra la ilustración 5.6, éste era esencialmente el supuesto en que se basaba, en una fecha tan tardía como 1729, el ingeniero francés Bernard Forest de Belidor, quien no hacía otra cosa que continuar el precedente sentado por otros como Leibniz y P. Varignon (véase, por ejemplo, Straub, 1949), y que da como resultado que

$$W = Sbh^2 \ / \ 3L \qquad (5.3)$$

Ni que decir tiene que este resultado es más conservador que el de la ecuación (5.1), pero aun así predice que la capacidad de sustentación de la viga es nada menos que un cien por cien mayor de la que sería idealmente.

Como suele ocurrir, en último término son las pruebas de su aplicación empírica las que hacen patentes los errores de la teoría. Al mismo tiempo que diseñaba las tuberías que suministrarían agua al palacio de Versalles, Edmé Mariotte se interesó por la resistencia de las vigas a la flexión y para estudiarla dirigió una serie de elaborados experimentos, algunos de los cuales aparecen esbozados en la ilustración 5.7. Experimentó con varas de madera y de vidrio y descubrió que las predicciones de la

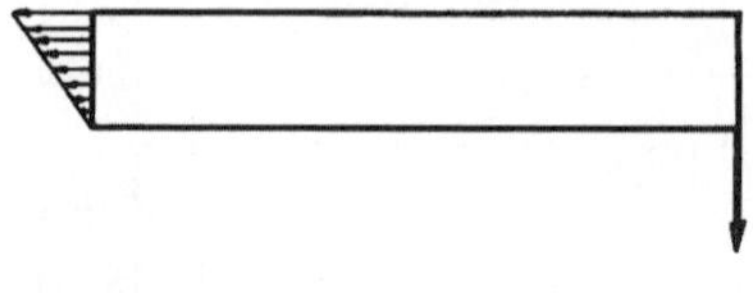

Ilustración 5.6. Una representación moderna de cómo se introdujo la extensibilidad en el análisis previo de la viga voladiza (dibujado por Fred Avent).

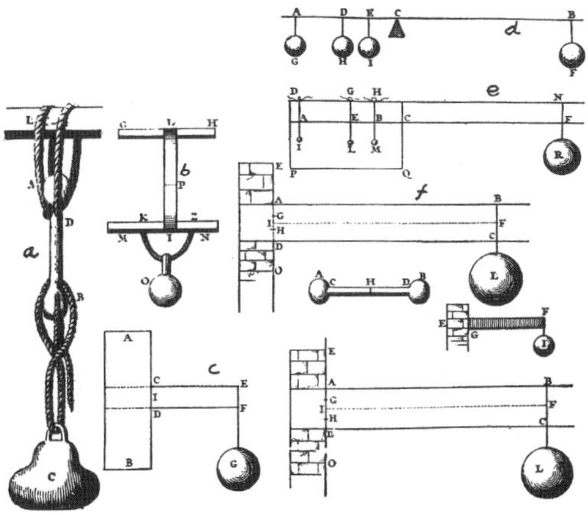

Ilustración 5.7. Experimentos de tracción y flexión de Mariotte (Timoshenko, 1953).

teoría de Galileo sobrevaloraban su carga de fractura. Inicialmente, siguió la idea de Galileo y conservó un fulcro en el punto más bajo, pero incorporó a su análisis la idea de una extensión linealmente variable de las fibras, lo que esencialmente suponía suscribir la ecuación (5.3), cuyos resultados todavía sobrevaloraban la carga de fractura. Algún tiempo después, Mariotte concluyó que debía existir, como sucedía con la tensión, una compresión linealmente variable que actuaba a lo largo de la sección transversal de la viga; sin embargo, un error en el cálculo subsiguiente del momento de fuerza resultante le condujo de nuevo a la ecuación (5.3), cuya discrepancia con los resultados experimentales atribuyó a un «efecto del tiempo» (Timoshenko, 1953; *cf.* Todhunter y Pearson, 1886).

Timoshenko refiere que durante el siglo XVIII la mayoría de los ingenieros continuó empleando fórmulas basadas en el trabajo erróneo de Mariotte, a pesar de que el matemático y científico francés A. Parent había publicado un tratamiento correcto del problema ya en 1713:

> La causa de esto puede radicar quizás en el hecho de que los principales resultados de Parent no fueron publicados por la Academia [Francesa], sino que aparecieron en un volumen recopilatorio de sus artículos que adolecía de una pobre edición y contenía numerosas erratas. Además, la escritura de Parent no se caracteriza por su claridad y es difícil seguir sus inferencias. En sus escritos fue muy crítico con la obra de otros investigadores y sin duda eso le hizo impopular entre los científicos de su tiempo.

El análisis de Timoshenko de cómo la obra de Parent pasó inadvertida para la comunidad de diseñadores y analistas pone de manifiesto el importante papel que pueden desempeñar la naturaleza humana y los detalles de carácter no técnico en lo que podría parecer una cuestión puramente técnica que se puede decidir basándose en fundamentos puramente técnicos. Como resultado de la falta de claridad, visibilidad y aceptación de la obra de Parent, en conjunción con la autoridad de Galileo y de aquellos que de manera más afín le siguieron en la corriente dominante de la disciplina, hubieron de pasar otros sesenta años antes de que el análisis mejorado de la viga voladiza alcanzase una amplia comprensión y difusión.

La formulación correcta, y por ende la solución correcta, del problema de la viga voladiza planteado por Galileo tardó tanto tiempo en desarrollarse en parte debido a la credibilidad de un genio incontestable como Galileo en materia de ciencia e ingeniería. Todos tendemos a pasar por alto los errores contenidos en supuestos fundamentales, especialmente cuando se los afirma con autoridad y parecen confirmados por los resultados que se derivan de ellos. Así es como el éxito del resultado plasmado aquí en la ecuación (5.1), no menos que el de su «corrección» en la ecuación (5.3), parecía confirmar la hipótesis representada en la ilustración 5.3 (y más adelante la que muestra la ilustración 5.6) cada vez que de ella se derivaba una predicción (un diseño) que se lograba materializar con éxito (incorporando los factores de seguridad tradicionales que encubrían el error). Dado que el interés principal de Galileo era la ratio entre las fuerzas operantes, y que su aproximación al problema confirmaba lo que según Descartes era en su mayor parte «conocimiento común» (Drake, 1978), había escasa evidencia sobre cuya base poner en tela de juicio el resultado formulado en la ecuación (5.1) o, más adelante, en la ecuación (5.3).

A la suposición correcta sobre la carga de fractura de la viga voladiza se llega, por supuesto, una vez que se reconoce que su resistencia a la altura de la pared no es uniforme, ni siquiera uniformemente creciente a partir del «fulcro» (claramente, ambos supuestos postulan que sobre la viga actúa una fuerza horizontal no equilibrada o compensada), sino que varía uniformemente en torno al eje de flexión que pasa por el centro de la sección transversal, como muestra la ilustración 5.8. Sobre la base de este diagrama, el equilibro de los diferentes momentos, aun sin tener en cuenta todavía el cortante, y por ende el esfuerzo cortante, conduce a la ecuación correcta en la teoría de las vigas:

$$W = Sbh^2 / 6L \qquad (5.4)$$

En otras palabras, la carga máxima que podría soportar una viga ideal sería del orden de tres veces menor que la que habría predicho el análisis de Galileo y del orden de la mitad de la que sugería el análisis de Mariotte.

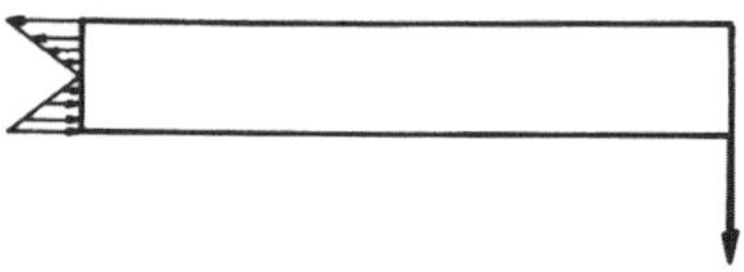

Ilustración 5.8. El supuesto correcto acerca de las tensiones producidas por la flexión en una viga voladiza, en el que no se muestran las tensiones cortantes (dibujado por Fred Avent).

¿Podría haberse corregido antes este error?

Galileo no escribía ecuaciones como (5.1) y sus razonamientos se referían exclusivamente a la resistencia relativa de las vigas, pero es obvio que sus resultados podrían haber sido empleados para *diseñar* vigas voladizas. Dado un peso W que hubiera de ser sostenido a una distancia L de una pared por medio de una viga cuya resistencia a la tensión fuera S, el diseñador podría dimensionar su sección transversal mediante el razonamiento de Galileo implicado en la ecuación (5.1), suplementado con su juicio acerca de la razón entre el canto y el ancho de la sección. Dejando de lado efectos tales como la variación estadística de la resistencia de materiales con objeto de simplificar la argumentación, puede suponerse que en el caso de que el diseñador hubiese empleado un factor de seguridad mayor de tres es probable que la viga hubiera funcionado satisfactoriamente. Y las vigas así diseñadas, mediante la «fórmula de Galileo», habrían contribuido a confirmar todavía más la corrección de su supuesto fundamental con respecto al modo de fractura, supuesto que fue alejándose más y más de la conciencia de quienes empleaban la fórmula.

Es probablemente razonable dar por supuesta la vigencia de un conservadurismo que supusiera el empleo de un factor de seguridad de cuanto menos tres en, digamos, la construcción naval del Renacimiento, un ámbito cuyos fallos inexplicables se encontraban entre los incidentes que movieron a Galileo a proponer su nueva ciencia de la resistencia de los materiales. En una fecha tan reciente como mediados del siglo XIX se empleaban habitualmente factores de seguridad de seis o siete en la construcción de puentes ferroviarios de hierro, cuya tecnología era equiparable a la de la construcción de buques de hierro de la misma época. Así pues, era muy poco probable que alguna utilización del razonamiento incorporado en la ecuación (5.1) en un diseño desembocara en un fallo de forma flagrante.

No obstante, es evidente que habría sido posible poner a prueba la ecuación (5.1) en el laboratorio. Si Galileo o sus contemporáneos realmente hubieran fracturado algunas vigas bajo condiciones controladas, habrían descubierto que, en promedio, sus resultados empíricos se desviaban en un factor de tres del resultado de su predicción y, claramente, habrían tenido que volver a examinar su razonamiento, lo cual bien podría haberlos llevado a su vez al descubrimiento de su error fundamental. ¿Por qué, según parece, no se hizo así? Después de todo, existía ya el ejemplo de Leonardo, que había estudiado empíricamente el efecto de escala, y la comprensión que Galileo tenía de la obra de éste era lo bastante clara como para hacerle apreciar la importancia del peso que el cable o la cuerda mismos añadían al peso concentrado que pendía de ellos (*cf.* Williams, 1957). Parece ser que la teoría implícita en la ecuación (5.1) no fue sometida a pruebas de control en la práctica no sólo porque eso no constituía entonces un requisito para la ciencia de la ingeniería más sólida de la época, sino también porque se creía que su capacidad predictiva del comportamiento relativo de tablas y vigas confirmaban sus resultados de manera incontestable —lo que significaba un retroceso a formas de razonamiento puramente geométricas.

De hecho, si se hubiera utilizado la ecuación (5.1) en el diseño de vigas, barcos y otros ingenios usando esencialmente un factor de seguridad significativamente mayor de tres esas estructuras, sin duda, habrían funcionado. Sin embargo, como parece suceder generalmente en el diseño en ingeniería, el éxito mismo de tales estructuras habría inducido una progresiva disminución del conservadurismo en el diseño de estructuras subsiguientes del mismo tipo, redundando en que el factor de seguridad, al margen de que su empleo fuera explícito o implícito, disminuyera inexorablemente hacia el valor de tres. A medida que este fenómeno progresase, comenzarían a producirse fallos estructurales. Al principio, estos fallos podrían ser atribuidos a unos materiales o una fabricación de insuficiente calidad, o a defectos de manipulación o de mantenimiento, y de esa manera el resultado expreso en la ecuación (5.1) permanecería a salvo de ser cuestionado. Pero a menos que el factor de seguridad fuera aumentado de nuevo lo bastante como para compensar las variaciones de calidad del material y el error humano, los fallos sin duda continuarían aumentando, por más que los materiales, los trabajadores, los procedimientos y el mantenimiento fueran sometidos a una supervisión cada vez más meticulosa. Con el transcurso del tiempo, la que parece ser la evolución natural de este escenario desembocaría en un fallo de gran visibilidad o de muy alto coste que exigiría una revisión cuidadosa y exhaustiva del estado del arte, que finalmente podría haber llevado a dirigir una mirada crítica a los supuestos fundamentales —como los expresados en la ecuación (5.1) y otras semejantes— en los que se basaba.

El valor del paradigma

Para la ciencia de la ingeniería y el diseño modernos, el episodio de Galileo y la viga voladiza tiene un valor que trasciende la mera anécdota histórica; es el paradigma de un error repetido a lo largo de toda la historia de la ingeniería. Una formación en ingeniería y una práctica que obvien el proceso por el que se infieren y emplean las fórmulas puede ser tan deficiente como si se desconociesen las reglas del cálculo o las leyes de la naturaleza. La ingeniería es una actividad humana, sujeta por ello a la naturaleza humana y a su falibilidad. Estos rasgos humanos, que el proceso de trabajo en ingeniería tiende a pasar por alto, pueden ser sus eslabones más débiles. De la aplicación más asidua, pero acrítica, de un supuesto analítico o una fórmula de diseño fundamentalmente incorrectos puede esperarse no sólo que conduzca en último término a que se produzcan fallos de diseño, sino también, si los analistas y los diseñadores buscan las causas de los fallos en cualquier otra parte antes que en sus fórmulas fundamentales, a prolongar el uso incorrecto de éstas.

Durante la Segunda Guerra Mundial los ingenieros aeronáuticos británicos adquirieron experiencia en el diseño y fabricación de cazas de propulsión a chorro. Basándose en ella desarrollaron el De Havilland Comet. Iba a ser el primer avión a reacción de transporte de pasajeros que efectuase vuelos transatlánticos regulares y su primer año de servicio (1952) pareció confirmar el éxito de su diseño. Pronto, sin embargo, surgieron los problemas: inexplicablemente, sendos Comet que acababan de despegar de los aeropuertos de Calcuta y Roma explotaron en el aire. La meteorología y un error del piloto respectivamente fueron las causas a las que inicialmente fueron atribuidos; accidentes subsiguientes motivaron la introducción de toda clase de cambios en el diseño. Hubo, sin embargo, un supuesto fundamental del diseño —que la fatiga del metal no era un factor determinante de la integridad estructural de la aeronave— cuya corrección fue repetidamente reafirmada, excepto por un investigador disidente, que se hizo con un Comet y lo sometió a un ciclo de pruebas de carga a escala real en el Farnborough Royal Aircraft Establishment, en Inglaterra, hasta que el fuselaje presurizado del avión falló catastróficamente a causa de la fatiga del metal (véase, por ejemplo, Petroski, 1985).

El tejado del Hartford Civic Center (Connecticut) descansaba sobre una ambiciosa estructura entramada diseñada con ayuda de un sofisticado modelo informático. Abarcaba una superficie de aproximadamente una hectárea y cubría una pista de baloncesto. Sólo unas horas antes de derrumbarse, el mes de enero de 1978, el lugar había estado abarrotado por miles de aficionados. Evidentemente, el hielo y la nieve sobrecargaron la estructura e hicieron que las nervaduras de los entramados se combasen una tras otra hasta que todo el tejado se dobló y cayó sobre la cancha. Estudios posteriores al accidente revelaron que el modelo informático incluía algunos supuestos fundamentales relativos a las condiciones finales que afectarían a los componentes de más de nueve metros de largo del entramado que resultaron haber sido desmesuradamente simplificados. Sin embargo, al parecer la confianza que se había depositado en el modelo informático, al que se suponía una competencia superlativa, era tal que ni tan siquiera la aparición de algunas deformaciones y de cierta flexibilidad en el tejado durante su construcción, que según se dice suscitaron cierta alarma, movió a efectuar un nuevo examen, suficientemente crítico, de los supuestos fundamentales del modelo. Huelga decir que cada día que el tejado aguantó en su sitio se tomó como una nueva confirmación y una vindicación del modelo informático. No obstante, la incontrovertible evidencia de un único contraejemplo, su fallo catastrófico, bastó para refutar la presunta infalibilidad de la hipótesis fundamental de que el modelo era correcto (véase, por ejemplo, Petroski, 1985; Zetlin L., Associates, 1978).

Un ejemplo menos dramático que podría ser clasificado dentro del paradigma del error de Galileo figura en algunas obras recientes de mecánica aplicada. Se refiere a la predicción de la fractura de la punta de un lápiz (véanse Cowin, 1983; Cronquist, 1979; Petroski, 1987b; Petroski, 1990). Aunque sin consecuencias fatales, ni de la magnitud de las que se derivan de la mayoría de los errores de análisis, este ejemplo pone de manifiesto cómo el hecho de asumir los supuestos básicos sin suficiente espíritu crítico puede minar el análisis. Al escribir, la punta del lápiz se transforma esencialmente en una viga voladiza cargada oblicuamente; el problema en cuestión consiste fundamentalmente en predecir cuándo y cómo una punta semejante se romperá, de la manera más inoportuna, bajo la presión de una fecha de entrega inminente.

Como en el caso del primer intento de Galileo de analizar la viga voladiza clásica, el primer intento de analizar la fractura de las puntas de lápiz de que se tiene noticia (Cronquist, 1979) se basó en el supuesto de que el fallo ocurriría en el punto donde la tensión mecánica axial sobrepasase la máxima resistencia a la tensión de la frágil mina cerámica del lápiz. Sirviéndose de herramientas no mucho más elaboradas que la resistencia de materiales y el cálculo elemental, Cronquist logró predecir el tamaño de los fragmentos rotos de la punta del lápiz, confirmando así su hipótesis sobre el fallo, si bien hubo de reconocer también que no podía explicar por qué esas puntas tenían una superficie de fractura oblicua, como se representa en la ilustración 5.9. El criterio básico de este primer intento analítico de predecir el fallo (la máxima tensión mecánica) quedó confirmado como un criterio de fractura razonable cuando se lograron predicciones suficientemente exactas del tamaño de las puntas rotas. De hecho, esto sólo se consideró que confirmaba los supuestos básicos de ese análisis simple y se esperaba que un tratamiento más elaborado de la tensión mecánica mejorase su precisión. Sin embargo, aunque este criterio de fallo es relevante para el *inicio* de la fractura no es el único que rige la propagación continua de la grieta a lo largo de la mina del lápiz, a la que la deformación por esfuerzo cortante afecta tanto como la tensión mecánica (*cf.* Walker, 1979), un punto que los primeros tratamientos del problema pasaron por alto. Esta sencilla observación, que resulta tan obvia retrospectivamente, ejemplifica hasta qué punto la confirmación de las predicciones puede resultar convincente respecto a la corrección y completitud

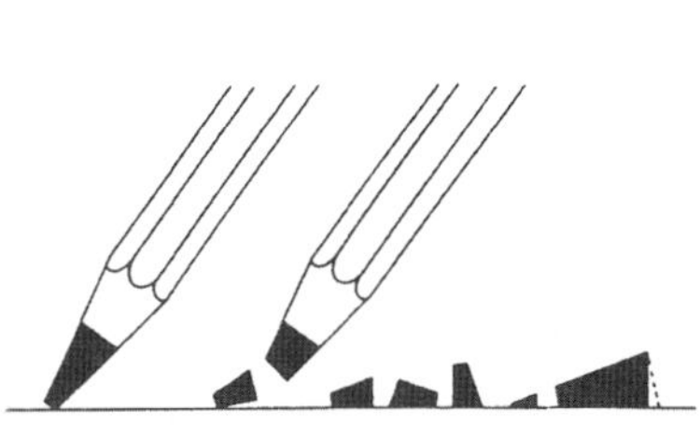

Ilustración 5.9. Puntas de lápiz rotas que muestran superficies de fractura oblicuas (dibujado por Fred Avent).

de las hipótesis de partida. El problema de la punta del lápiz es trivial para los estándares de la ingeniería, pero es un ejemplo claro de los peligros que acechan en el análisis que se utiliza al servicio del diseño, y que han sido desde siempre el azote de los científicos de la ingeniería y de los ingenieros profesionales.

La familiaridad con una historia como la de Galileo y la viga voladiza —poniendo especial énfasis en el tema general de cómo incluso un genio del Renacimiento pudo cometer lo que en retrospectiva se percibe como un error elemental y obvio en el análisis inicial de un problema— puede ser útil a los estudiantes de ingeniería y a los profesionales al procurarles una advertencia memorable. A medida que el análisis y el diseño avanzan, a través de las fórmulas y las especificaciones, hasta la construcción y la utilización de los artefactos, y que el éxito de los resultados conseguidos parece confirmar cualesquiera que hayan sido nuestras hipótesis de partida, podemos tender a relajar en exceso nuestras facultades autocríticas.

Ninguna hipótesis puede ser probada jamás de forma incontestable, no importa cuántas miríadas de diseños que funcionen puedan derivarse de ella. Pero basta un único fallo (en el análisis o en la realidad) para establecer un contraejemplo de cualquier hipótesis, y es responsabilidad del ingeniero reconocerlo así. Aunque no todos los fallos constituyen pruebas concluyentes de que haya deficiencias fundamentales en el estado del arte, sí debería aceptarse que es parte de la responsabilidad profesional del ingeniero el asumir como una obligación moral hacia el método de la ingeniería la inspección crítica de todos los aspectos de los procesos de diseño y fabricación que intervinieron en la producción de un artefacto fallido, incluyendo los supuestos más fundamentales del diseño y el análisis. Si estos supuestos fueran erróneos, y no se los identificase como tales, podría suceder que ninguna «corrección» ni refinamiento posterior del diseño bastase para remediarlo.

6
El diseño y la caída del puente sobre el río Dee
Paradigma de un error oculto por el éxito

A menos que se trate de obras públicas espectaculares, o que el número de víctimas mortales que causen sea elevado, es infrecuente que los detalles de los fallos concretos de las obras de ingeniería sean objeto de discusión fuera de los estrechos límites de la disciplina que sea obviamente relevante para el caso. Es evidente, sin embargo, que en fechas recientes ha habido algunas notables excepciones a lo que acabo de decir, entre las que se hallan el desplome de las pasarelas colgantes del hotel Hyatt Regency de Kansas City en 1981 y la explosión de la lanzadera espacial *Challenger* en 1986. Estos colosales fallos han llenado los titulares de todos los medios de difusión de noticias y pocos ingenieros, cualquiera que sea su disciplina, desconocen cuáles hayan podido ser sus causas más probables, al menos en un sentido general.

El recuerdo de los fallos menos recientes o menos espectaculares tiende a perdurar únicamente dentro de la industria o la disciplina para las cuales se percibe que poseen una relevancia perdurable, e incluso en este caso, a medida que el estado del arte parece eclipsar la tecnología errónea que los causó, tienden a acabar arrumbados en sus polvorientos archivos. Sin embargo, a lo largo de la historia de la ingeniería se ha producido un considerable número de fallos debidos a errores cometidos en una lógica y una metodología de diseño que son intemporales, y las mismas que utilizamos hoy, razón por la cual las raíces causales de los fallos clásicos pueden poseer y de hecho poseen una relevancia permanente para los diseños actuales y para los procesos de diseño de la mayor elaboración y complejidad. Además, puesto que las lecciones que cabe extraer de los errores cometidos en el propio proceso de diseño trascienden necesariamente la fallida aplicación concreta en que se originan, los estudios históricos de casos de fallos que se empleen como vehículos para transmitir la naturaleza de un *tipo* de error de diseño serán significativos también de forma general y perdurable para cualquier proceso de diseño.

Con frecuencia, las historias de casos de fallos tienden a centrar su atención con una minuciosidad digna de mejor causa en los detalles particulares del diseño fallido y del mecanismo del fallo. Esa perspectiva, excesivamente circunscrita, a menudo disuade por completo a los lectores —con la excepción de los más específicamente especializados— de intentar siquiera la lectura de dichas historias, habida cuenta de que las conclusiones que extraen y las lecciones que enseñan suelen ser tan específicas del caso analizado que difícilmente pueden parecer relevantes para otros, excepto aquellos que sean clónicos del diseño fallido. Por supuesto, ha habido algunas notables excepciones, incluyendo el informe de la Comisión Presidencial que investigó el accidente del *Challenger*. No sólo dilucidó la causa técnica última del problema sino que exploró también con notable meticulosidad el importante papel que desempeñó la interfaz entre gestores e ingenieros y, en particular, sus deficiencias. Sin embargo, los volúmenes de antecedentes, evidencia y análisis, por no mencionar la complejidad social, política y técnica del caso, hacen que resulte demasiado alambicado y difuso, y que resulte difícil extraer lecciones más profundas de una manera concisa.

El desplome del puente de Tacoma Narrows nos ofrece una historia de caso más puramente técnica, pero a causa de la amplísima difusión que han alcanzado las filmaciones que lo documentan, y al hecho de que circulen tantas explicaciones imprecisas e incompletas de la causa física del fallo, las discusiones acerca del derrumbamiento tienden a estar viciadas por simplificaciones excesivas y prejuicios. A pesar del tiempo transcurrido, en el quincuagésimo aniversario de la caída del puente, en la década de los noventa, los artículos publicados en las revistas académicas discrepaban todavía sobre la causa real del fallo (*cf.* Billah y Scanlan, 1991; Petroski, 1991d).

Hay, sin embargo, historias de casos de fallos de ingeniería que no adolecen de haber sido objeto de una difusión excesiva, de haber sido analizadas hasta la saciedad o de ser el foco de polémicas excesivamente cargadas de intereses o prejuicios. Hay ejemplos de tiempos más sencillos, en los que la ingeniería era más sencilla también, y a partir de los cuales es más fácil destilar lecciones sobre distintos elementos del proceso de diseño en sí. Gracias a que estos casos no son tan bien conocidos, descansan sobre cimientos analíticos que ya no son objeto de debate, e involucran componentes políticos y sociales de otra época, es posible exponer y leer sus historias de caso más por las lecciones que enseñan sobre la naturaleza del proceso de diseño mismo que como explicación de su expresión concreta en un artefacto particular. Una de esas historias es la del puente sobre el río Dee.

El puente sobre el río Dee como paradigma

Para comenzar, ofreceré información suficiente sobre los antecedentes del puente del Dee, a fin de situar la historia del puente y de su diseño en su contexto contemporáneo; no obstante, el esfuerzo principal de este capítulo se dirigirá a extraer lecciones sobre aquellos aspectos del proceso de diseño que posibilitaron que pasara inadvertido un aspecto crítico del diseño que, por ello, se convirtió en la causa última del fallo del puente. El defecto crítico del proceso humano de diseño que produjo el infausto puente del Dee es paradigmático; el mismo defecto fundamental se hallaba igualmente enraizado en el entorno y el proceso de diseño que casi un siglo más tarde produjo el puente de Tacoma Narrows (así como multitud de otros diseños de puentes condenados al fracaso). Sin embargo, la relevancia de las lecciones que se derivan del puente del Dee trasciende con mucho el ámbito del diseño de puentes y por eso presentamos aquí la historia de su caso como paradigma de un tipo de error humano en el diseño que podríamos bautizar como «el síndrome del éxito».

El puente sobre el río Dee fue diseñado en un clima de éxito y confianza. Durante la anterior década y media se habían construido muchos puentes similares que habían funcionado bien tanto estructural como económicamente. Lo que distinguía de diseños precedentes al puente del Dee era que geométricamente se situaba en los límites de la experiencia acumulada con los diseños de su clase (véase la ilustración 6.1), una clase en cuya evolución se habían desarrollado algunos rasgos novedosos que diferenciaban los ejemplos más recientes de los más antiguos en algunos aspectos bastante delicados. Además, sin duda como resultado de la reciente experiencia de éxito continuado de aquel momento, los últimos diseños eran menos rígidos y tenían un factor de seguridad más bajo que sus predecesores (véase la ilustración 6.2). La presencia de todos estos elementos contribuyó a que un modo de fallo que previamente sólo había estado latente en esa clase de diseños, y cuyas consecuencias habían sido por lo tanto insignificantes para todos, llegase finalmente a determinar de manera catastrófica el comportamiento del puente sobre el río Dee.

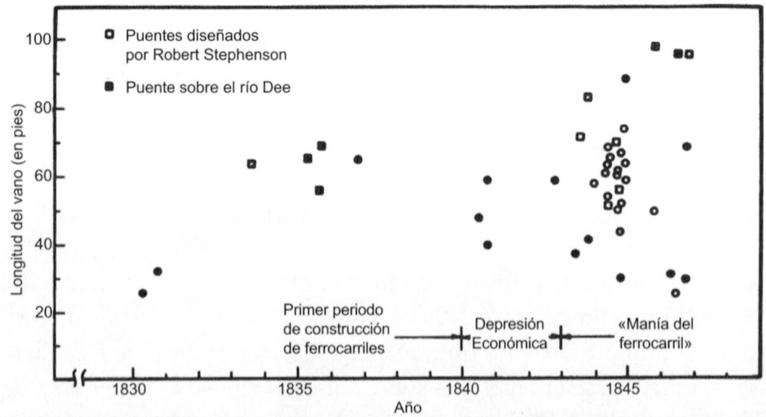

Ilustración 6.1. Fecha de construcción y longitud de los puentes construidos mediante vigas celosía en el siglo XIX (elaborado a partir de Sibly, 1977).

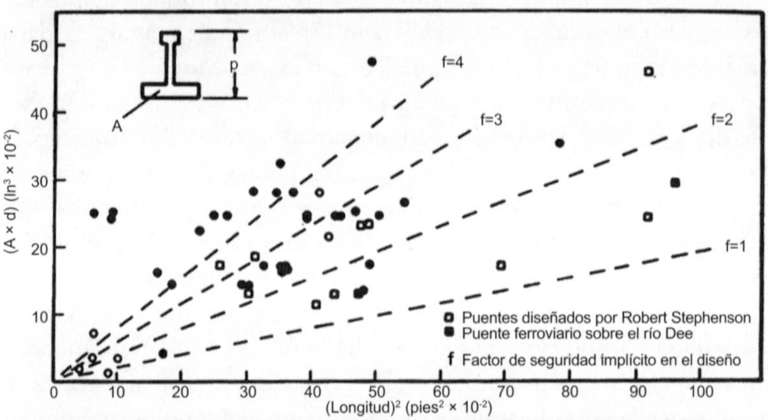

Ilustración 6.2. Factores de seguridad de los puentes construidos mediante vigas celosía (elaborado a partir de Sibly, 1977).

Diseño del puente sobre el río Dee

Como todos los problemas de diseño, el que suponía la construcción de un puente a través del río Dee a la altura de Chester, en el condado noroccidental de Cheshire, en Inglaterra, no tenía una única solución, y fue al ingeniero británico Robert Stephenson a quien se encomendó decidir qué tipo de puente ofrecía un compromiso satisfactorio entre varias constricciones, frecuentemente en competencia mutua, que incluían el tráfico ferroviario previsto, las condiciones del lugar y las consideraciones económicas propias de la década de los cuarenta del siglo XIX. Inicialmente, Stephenson pensó en un puente sostenido por cinco arcos de ladrillo, pero la naturaleza del lecho del río hacía imposible cimentar en él una estructura tan pesada. Un viaducto de madera habría sido suficientemente ligero, pero cuestiones de rigidez y durabilidad, por no mencionar la escasez de madera que padecía Gran Bretaña a mediados de los años cuarenta desaconsejaban esta alternativa. En consecuencia, la elección lógica parecía ser alguna clase de puente de hierro; y un puente de vigas estaría entre los más ligeros y, por ende, entre los más económicos. Sibly (1977) y Beckett (1984), entre otros, han relatado con minuciosidad la historia del puente del Dee; de sus trabajos procede buena parte de los detalles de la siguiente exposición sobre el diseño y fallo del puente y en ellos podrá encontrar el lector interesado una sustancial ampliación de lo referido aquí.

Una vez Stephenson se decidió por un puente de vigas, fue necesario determinar las dimensiones de éstas. Era bien sabido desde hacía tiempo que el hierro fundido era mucho menos resistente a la tensión que a la compresión, por lo cual, aunque constituía un material apropiado para una estructura en arco como el Iron Bridge (véase la ilustración 7.3), construido en 1779 sobre el río Severn, en el oeste de Inglaterra, no era una buena opción para elementos estructurales que sufrirían una carga transversal, como era el caso de las vigas. Con todo, en la primera mitad del siglo XIX se fundían vigas de hierro de diversas formas con una concentración de material mucho mayor en el lado que experimentaría mayor tensión, para que pudieran resistir, de manera más o menos económica, la flexión que aquélla causaría. A comienzos de los años treinta del XIX, los ingenieros Eaton Hodgkinson y William Fairbairn habían sometido a prueba diferentes vigas de hierro fundido en busca de una sección transversal, si no óptima, al menos eficiente. En 1831, Hodgkinson publicó una fórmula empírica que relacionaba la carga aplicada concentrada centralmente, W, con el área del ala inferior, A, el canto de la viga, d, y la distancia entre apoyos simples, L. Midiendo las longitudes en pulgadas, la fórmula daba la carga máxima o crítica en toneladas:

$$W = 26Ad / L \qquad (6.1)$$

La fórmula de Hodgkinson no especifica nada sobre el área del ala superior (sujeta a compresión) y, por descontado, no describe la forma real de la viga. Lo que la fórmula sí hacía era facilitar a los diseñadores como

Stephenson un medio analítico para calcular las dimensiones de unas vigas de hierro fundido, en las que la geometría de su sección transversal estuviera relativamente predeterminada, de modo que no vieran excedida su resistencia a la tensión en ningún punto. Lógicamente, el ala superior de las vigas diseñadas a partir de la fórmula de Hodgkinson era muy estrecha y delgada en comparación con el ala inferior; el tamaño relativo de sus respectivas áreas estaba en proporción inversa a las resistencias relativas del hierro fundido a la compresión y a la tensión, que son aproximadamente 16:3. La forma de la viga por la que Stephenson se decidió para el puente del Dee, por ejemplo, se muestra en la ilustración 6.3. La razón entre las áreas de las alas superior e inferior es exactamente 3:16. Así pues, según el análisis elemental de la época, las vigas del puente del Dee, sometidas a una carga central, resistían tanto la tensión como la compresión de una manera óptima.

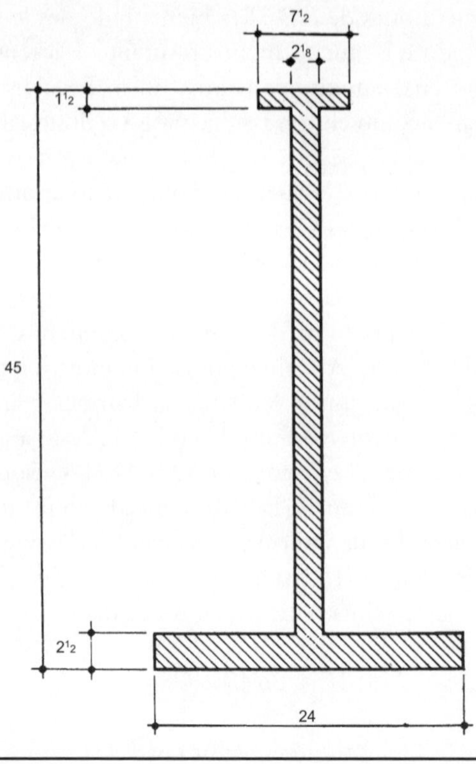

Ilustración 6.3. Sección transversal de una viga del puente sobre el río Dee. Las dimensiones están expresadas en unidades contemporáneas, pulgadas (Beckett, 1984, con autorización de David & Charles, Newton Abbot, Devon, Inglaterra).

El peso de las propias vigas se repartía a lo largo de toda la longitud del puente, claro, pero la localización de la carga de un tren ferroviario naturalmente variaría a medida que cruzase el puente. Esta circunstancia se tuvo en cuenta introduciendo en los cálculos cargas centrales que supusieran el peor caso posible u otras equivalentes. Por ejemplo, se esperaba que para romper la viga caracterizada por la ecuación (6.1) fuera necesaria una carga uniformemente distribuida de $2W$.

Realizando unos cálculos elementales, Stephenson pudo determinar que, con respecto a la carga esperada de un tren, una viga de las dimensiones representadas en la ilustración 6.3 ofrecería un factor de seguridad de uno y medio (*cf.* ilustración 6.2). Naturalmente, eso significaba que la carga teórica de fractura de la viga era sólo un cincuenta por ciento mayor que la carga máxima que se esperaba que hubiera de soportar. Ahora bien, en esos cálculos Stephenson tuvo en cuenta solamente condiciones de carga estáticas, a pesar de que habría cabido esperar que tuviera en cuenta también la carga dinámica de un tren en movimiento y, por cierto, mediante un factor de seguridad suficientemente alto, desde luego mayor que uno y medio. Los diseñadores de estructuras de aquel periodo preferían factores de seguridad situados dentro de un rango de, al menos, entre dos y cuatro, y a menudo tan elevado como de seis o siete, pero para la viga misma Stephenson se inclinaba por factores de seguridad en la parte inferior del intervalo, como ha puesto de manifiesto Sibly (1977; véase también Sibly y Walker, 1977). En consecuencia, buscó otras formas de aumentar el margen de seguridad del puente sobre el Dee.

En lugar de emplear una viga de mayores dimensiones, lo cual, naturalmente, habría incrementado a su vez su peso, Stephenson decidió valerse de una técnica que ya había empleado en muchos otros puentes ferroviarios a la largo de la década precedente. La viga celosía fue introducida ya en 1831 por el ingeniero de obras públicas británico Charles Blacker Vignoles para salvar distancias del orden de treinta pies (9,14 metros). Este sistema estructural compuesto empleaba un tirante de bastidor formado por una barra de hierro forjado esencialmente para pretensar una viga segmentada de hierro fundido, de manera que absorbiera parte de la carga de la tensión a la que estaba sometida el ala inferior de la viga en su parte central. Los componentes de una viga celosía están representados en la ilustración 6.4, donde los elementos con forma de giba ofrecen un medio tanto para conectar segmentos de viga como para fijar las barras de tensión de hierro forjado. Al igual que otros ingenieros, Stephenson se sirvió de este principio para salvar distancias cada vez más

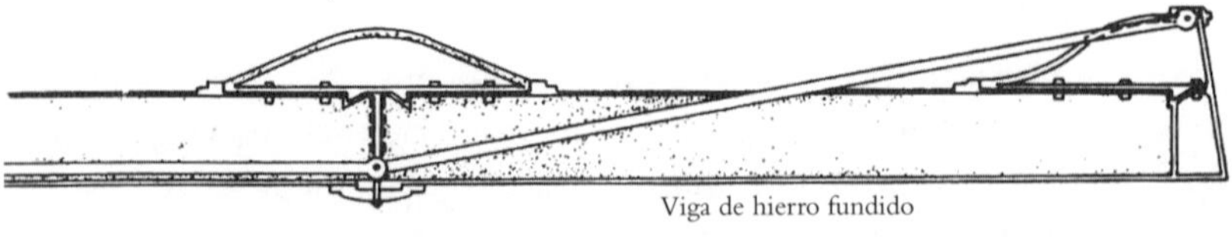

Ilustración 6.4. Estructura longitudinal de una viga celosía (Beckett, 1984, con autorización de David & Charles, Newton Abbot, Devon, Inglaterra).

largas, como han mostrado Sibly (1977) y Sibly y Walker (1977), pero nunca antes de su aplicación en el puente del Dee se había empleado una viga celosía más larga de ochenta y ocho pies (26,82 metros). El diseño del puente del Dee constaba de tres tramos de vigas celosía de noventa y ocho pies (29,87 metros) cada uno. Además, la mayoría de los puentes diseñados anteriormente no había utilizado las barras de hierro forjado para aportar una parte fundamental de la resistencia estructural; su función era mantener el puente unido y en servicio temporalmente en el caso de que por alguna razón se produjera una fractura en algún segmento del quebradizo hierro fundido. Sin embargo, Stephenson aumentó progresivamente el pretensado de las vigas que aportaban los tirantes de hierro forjado, que, de ese modo, hubieron de soportar una parte cada vez mayor de la carga de la tensión en condiciones de servicio ordinario.

Como expone Sibly (1977), y nosotros hemos señalado ya en el capítulo 3, el empleo de vigas celosía cada vez de mayor escala para salvar espacios cada vez más largos debería haber ido acompañado de una extremada atención y una cuidadosa observación de su comportamiento. Vignoles, el inventor de las primeras vigas celosía, al constituir éstas una innovación y no haber sido sometidas a comprobaciones exhaustivas, tendía naturalmente a diseñarlas con un factor de seguridad excesivo, en parte para responder a algunas objeciones razonables que se le oponían. Es probable que fuera especialmente consciente del hecho de que la tensión que pudieran soportar las barras de hierro forjado dependía de su ensamblaje y no de ningún cálculo (pues su estructura era estáticamente indeterminada) y, en consecuencia, que actuase con particular precaución. Dado que es improbable que los principios en que se basaba la invención de Vignoles pudieran ser expuestos articuladamente de un modo que diera respuesta a todas y cada una de las críticas que recibió, es más que probable que sus vigas hubieran de ser lo bastante resistentes (incluso sin el refuerzo de la celosía) como para resultar convincentes al ser sometidas a pruebas controladas (*cf.* Petroski, 1992b). Sin embargo la importancia relativa de algunos fenómenos mecánicos y de otro tipo que carecían de consecuencias significativas en el caso de unas vigas sobredimensionadas que salvaban vanos de apenas nueve metros aumentó a medida que lo hacía la longitud de los tramos sobre los que debían extenderse, y eso al mismo tiempo que el éxito probado de las vigas celosía más cortas empleadas en estructuras reales hacía que la carga de la prueba cambiase y el foco de los debates dejase de centrarse en la necesidad de que los diseñadores probasen que sus diseños eran seguros para pasar a que hubieran de ser los críticos quienes tuvieran que demostrar que existía algún riesgo. Sin la ayuda de cálculos estáticamente determinados, justificar objetivamente las advertencias de peligro habría sido una tarea tan difícil como justificar la confianza en la seguridad.

El accidente

El puente sobre el río Dee fue terminado en septiembre de 1846 y abierto al tráfico ferroviario un mes después. El puente vibraba ostensiblemente al paso de los trenes, pero el hecho de que no hubiera habido problemas con otras estructuras formadas por vigas celosía hizo que no se efectuara un examen más detallado y minucioso del asunto. En mayo de 1847 se superpuso a la calzada del puente una capa de cinco pulgadas (12,7 centímetros) de balasto (véase la ilustración 6.5) a fin de cubrir la tablazón sobre la que descansaban los raíles. El motivo de esta actuación era, al menos en parte, reducir el riesgo de que los fragmentos de carbón incandescente que pudieran caer de una locomotora que atravesase el puente prendieran un incendio en el maderamen; además, puede que también se esperase que el peso del guijo añadido amortiguase parte de las vi-

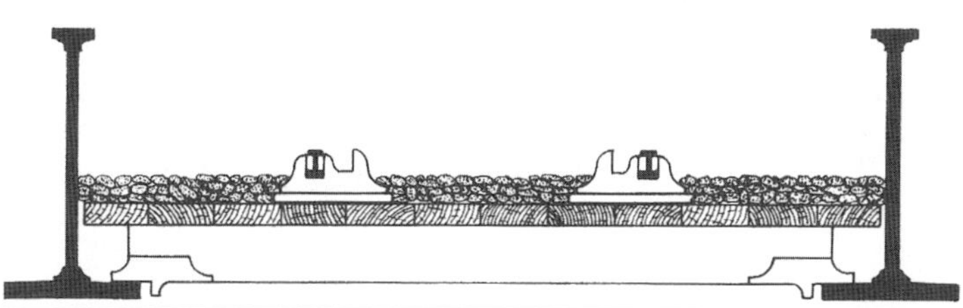

Ilustración 6.5. Sección transversal de una de las plataformas del puente sobre el río Dee, en la que se muestra el cascajo añadido encima del entarimado de madera. (Beckett, 1984, con autorización de David & Charles, Newton Abbot, Devon, Inglaterra).

braciones del puente. Stephenson supervisó personalmente los trabajos y parece haber quedado satisfecho con la circunstancia de que el peso añadido (sin ningún refuerzo estructural) no reducía el factor de seguridad por debajo de límites prudentes. No obstante, es evidente que sí lo reducía, pues el conductor del primer tren que cruzó el puente después de colocarse el balasto sintió cómo se «hundía» bajo sus ruedas. Abrió la válvula al máximo para intentar pasar a toda máquina, pero sólo la locomotora logró ponerse a salvo. Los cinco vagones que formaban el resto del convoy cayeron al río junto con la plataforma del puente. En la ilustración 6.6 un grabado de la época muestra la escena del accidente. La construcción del puente de doble vía a base de vigas celosía es claramente visible en el lado de la vía que no se hundió, con sus piezas de conexión en forma de giba, que unen los segmentos de viga y confieren a la estructura su perfil característico.

Ilustración 6.6. El puente del Dee tras el hundimiento (*Illustrated London News,* 12 de junio de 1847).

Análisis del fallo

La causa más probable del fallo fue una inestabilidad por pandeo torsional a la que las vigas del puente estaban ya predispuestas debido a las cargas de compresión que ejercían sobre ellas las barras de unión diagonales y excéntricas. Dado que esencialmente no se incorporó ningún refuerzo lateral, los dos metros de alto aproximadamente —más sus protuberancias— de unas vigas con unas alas superiores tan estrechas demostraron ser inestables al nivel de carga creado por el balasto añadido, el cual pudo haber ejercido, además, una fuerza transversal de cierta magnitud al nivel de las vías. La tensión adicional experimentada por las barras de conexión de hierro forjado, producida por el balasto añadido, indujo naturalmente una compresión adicional sobre las vigas segmentadas, las cuales, en respuesta al modo como se transmitía la carga de la vía a través de su ala inferior, tendían a combarse y abandonar el plano vertical. Al parecer, el peso adicional y las vibraciones provocadas por el tren que intentó atravesar el puente constituyeron una perturbación añadida lo bastante grande como para activar la inestabilidad por torsión que estaba latente y hacer que el puente y su carga cayeran al río Dee.

En la caída del puente murieron cinco personas y otras dieciocho resultaron heridas. La pérdida de vidas humanas requirió la instrucción de un sumario judicial, el cual, a su vez, condujo a la recomendación de que se nombrase una Comisión Real que investigase el uso del hierro en las estructuras ferroviarias. Dicha investigación supuso, entre otras cosas, el primer estudio minucioso —aunque equivocado— de la fatiga de los materiales metálicos (que entonces se creía era ocasionada por algún misterioso mecanismo vibratorio que transformaba la estructura granular del metal).

Stephenson sostuvo que la causa del fallo había sido un descarrilamiento que a su vez habría roto una pieza de la (quebradiza) viga, pero su explicación convenció a pocos de los miembros de la investigación. Se solicitó el testimonio de otros ingenieros de la época y para determinar cuál era el factor de seguridad que se utilizaba habitualmente en la práctica se les hizo la siguiente pregunta: «¿En qué múltiplo de la carga máxima que deba soportar una viga opina usted que debería cifrarse su peso de fractura?» Las respuestas variaron entre tres y siete. No hace falta recordar que Stephenson había empleado un factor muy por debajo de ése y la Comisión concluyó que sería prudente que los futuros diseños se llevasen a cabo con un factor de seguridad de seis.

Entre quienes testificaron ante la Comisión Real estaba el famoso ingeniero británico del Great Western Railway, Isambard Kingdom Brunel (*cf.* Petroski, 1992a), que presentó argumentos en contra de que se postulasen reglas rígidas (que hoy en día serían denominadas «códigos») para la construcción de puentes; tuvo incluso la audacia de referirse a los miembros de la investigación como «la Comisión para el impedimento de cualquier nueva mejora en la construcción de puentes». Brunel estaba convencido de que, poniendo el cuidado adecuado en la eliminación de inhomogeneidades y de otras imperfecciones, podía garantizarse la producción de piezas de hierro fundido fiables «de casi cualquier forma hasta un peso de veinte o treinta toneladas». Al igual que Stephenson, Brunel parece no haber sido consciente de, o no haber estado dispuesto a admitir los peligros potenciales de unos fenómenos físicos que no se ponen de manifiesto hasta que unos sistemas que hasta entonces sólo habían cosechado éxitos ven incrementada la escala de sus dimensiones o disminuida su resistencia hasta el punto en que dichos fenómenos, que hasta ese instante estaban bajo control, devienen los determinantes de los límites de operación del sistema. No importa lo libres de imperfecciones que puedan estar y lo homogéneos que puedan ser los componentes de una viga celosía, por ejemplo; siempre habrá un tamaño a partir del cual la inestabilidad por torsión supondrá una preocupación mucho más importante que la tensión por sobrecarga. Cuando, por ignorancia de la inestabilidad por torsión, la tensión por sobrecarga se convierte en la consideración dominante del diseño, existe naturalmente un tamaño de viga a partir del cual ésta no será segura. Ese tamaño será mayor cuanto mayor sea el factor de seguridad, claro, no obstante lo cual seguirá existiendo un tamaño límite. Stephenson descubrió los límites de su diseño en las vigas del puente sobre el río Dee.

Lecciones para el diseño

La elaboración virtual de cualquier diseño tiene lugar en un estado de relativa ignorancia sobre el comportamiento del sistema que se está diseñando en cualquier circunstancia posible. El ejemplo del puente sobre el Dee se refiere únicamente a fenómenos mecánicos, pero las implicaciones de este estudio de caso son igualmente válidas a fortiori para otros sistemas en los que ocurren interacciones complejas y acopladas entre efectos biológicos, químicos, eléctricos, nucleares, térmicos y otros. Mientras existan problemas abiertos en las ciencias de la ingeniería, las herramientas teóricas de predicción y cálculo serán siempre insuficientes para elaborar diseños en los que sea posible prescindir de los factores de seguridad, que con tanta frecuencia y tan acertadamente se denominan «factores de ignorancia». La aparición de los superordenadores ha facilitado la realización de cálculos complejos, pero el grado de completitud de sus resultados no puede ser mayor que el de las teorías en que están basados los programas que los generan. Y no se debe olvidar que incluso las teorías matemáticas más rigurosas son solamente tan completas como lo sea la comprensión física que constituye su fundamento y su criterio de interpretación.

Aunque se trata de un hecho que a los científicos y a los matemáticos no siempre les agrada que se les recuerde, buena parte de nuestra tecnología va por delante y constituye la guía de la comprensión teórica que posteriormente explica su éxito. El ejemplo clásico es, indudablemente, la máquina de vapor, que fue inventada y desarrollada hasta alcanzar un elevado grado de fiabilidad mucho antes de que existiera una ciencia de la termodinámica aplicada a la ingeniería. En efecto, fue el hecho mismo de la existencia de máquinas de vapor operativas lo que suscitó la necesidad de una teoría que explicase su funcionamiento. Asimismo, la aviación se desarrolló antes de que existiera una teoría elaborada del vuelo y ciertamente antes de que las teorías de la aerodinámica y la aeroelasticidad, hoy indispensables, pudieran explicar fenómenos tan problemáticos como la entrada en pérdida o el flameo y, en consecuencia, pudieran ser de utilidad en ingeniería para detectar problemas, ofrecer soluciones y optimizar los diseños. De hecho, no me parece demasiado aventurado afirmar que cabe esperar que el mundo en permanente evolución de los artefactos diseñados por los seres humanos albergará siempre para el científico que investiga en materia de ingeniería desafíos no menores que los que el universo natural ofrece a los científicos de la materia física y de la vida.

La invención y el diseño pueden avanzar merced a un ingenio cualitativo que es capaz de proporcionarnos cosas que funcionan. La aptitud del inventor y el diseñador para, junto con el artesano y el trabajador de oficio, producir modelos que funcionen, primero, y, finalmente, prototipos, puede derivar enteramente de su experiencia práctica y su buen juicio empírico. El bosquejo, el dimensionamiento, la construcción, la realización de pruebas y la detección y eliminación de defectos y problemas son actividades que forman parte del diseño y que pueden efectuarse con el auxilio de muy poca e incluso ninguna teoría, avanzando de un fallo a otro hasta alcanzar el éxito. En el modelo y en el prototipo, es la parte que no funciona la que atrae la atención; es la función que no se ejecuta tan bien como se había imaginado la que deviene el centro de los esfuerzos de mejora. A su tiempo, el proceso de diseño produce un artefacto cuyos posibles fallos se cree que han sido previstos y prevenidos en la medida en que lo exige la aplicación particular del caso. No obstante, siempre puede haber en estado latente fenómenos —físicos o de otra naturaleza— que, aunque fueran de escasa relevancia para el artefacto inicial, pueden llegar a ser demostrablemente determinantes del comportamiento de algunos de sus *descendientes* cuya escala haya sido incrementada o cuya robustez haya sido disminuida.

Es una verdad de perogrullo que la aplicación de todo diseño depende de su uso futuro. En consecuencia, un diseñador que no prevea adecuadamente la utilización y el comportamiento futuros puede encontrarse con que su diseño le depara sorpresas desagradables. Entre los problemas de diseño más corrientes está el aumento de escala de un diseño existente —construir un motor más potente o un puente más largo—, cuyo corolario es el debilitamiento de un diseño hasta entonces consagrado por el éxito. Irónicamente, esta actividad parece ser, simultáneamente, lo que podría denominarse «diseño seguro y (siguiendo a Kuhn) normal», que ofrece al diseñador poco más que un desafío incremental (y escaso interés para el analista), y lo que podría llamarse «diseño aventurado», en el sentido de que va más allá del entorno de experiencia asentado y, en consecuencia, se arriesga a toparse con fenómenos desconocidos que podrían dominar el comportamiento del diseño. Este elemento de riesgo tiende a ser minimizado, cuando no completamente ignorado, debido a que el aspecto seguro y normal de la actividad de diseño tiene lugar en el contexto de una secuencia consistente de éxitos. Los críticos, que no disponen de una teoría convincente —ciertamente no más que los partidarios de la extrapolación del diseño—, no pueden ofrecer argumentos irrefutables que demuestren que el fallo del diseño se encuentra justo a la vuelta de la esquina.

El puente sobre el río Dee falló a causa de una inestabilidad derivada de la torsión, un modo de fallo que se ignoró sin perjuicio de la seguridad mientras las vigas metálicas que se emplearon fueron más cortas y recias y los tirantes de bastidor ejercieron una tensión insuficiente para inducir la inestabilidad que llegaría a afectar de forma predominante a las vigas metálicas más largas y delgadas, y pretensadas hasta un grado de compresión considerable por la acción de fijación de los tirantes de bastidor. Asimismo, en el siglo XX fue posible obviar la inestabilidad torsional dinámica en la construcción de puentes colgantes pesados y cuyos tableros tenían una estructura relativamente ancha y gruesa, en tanto que el mismo factor demostró ser el determinante último del comportamiento del tablero del puente de Tacoma Narrows, que era ligero, muy delgado y tenía sólo dos carriles de anchura. El desplome espontáneo del puente de Quebec en 1907, mientras su estructura voladiza, osadamente delgada y con un vano de 1800 pies (548,64 metros), estaba todavía en construcción (véanse las ilustraciones 3.4 y 3.5) reveló una propensión a la inestabilidad por pandeo intrínseca al propio diseño; esa inestabilidad no había sido en absoluto un problema en el sólido puente en ménsula (con dos vanos de 1710 pies, 521,21 metros) que cruza el fiordo del Forth (véase la ilustración 6.7), terminado en 1890 cerca de Edimburgo, Escocia, y de cuyo linaje era descendiente el puente de Quebec. Aunque ambos puentes eran de escala similar *(cf.* ilustraciones. 3.4 y 6.7), el éxito del diseño «exagerado» del puente que cruza el fiordo del Forth condujo evidentemente a un exceso de confianza que se puso de manifiesto en el diseño «insuficiente» del puente de Quebec. No es únicamente su tamaño bruto lo que hace que una estructura de grandes dimensiones se venga abajo.

El aumento de escala o la disminución del material empleado no son las únicas maneras en que se puede ir más allá de los entornos de diseño establecidos, como demuestra el empleo de acero inoxidable en el novedoso entorno de los reactores nucleares de neutrones rápidos. En este caso, la experiencia adquirida en la operación de reactores de agua ligera reforzó un paradigma de diseño que entendía que las decisiones relativas al diseño debían estar dominadas por el comportamiento del material en

Ilustración 6.7. El puente sobre el fiordo del Forth, terminado en 1890.

relación con la moderación de los neutrones, la resistencia mecánica, la deformación térmica y el debilitamiento por irradiación. Sin embargo, el empleo de contenedores de combustible «adecuadamente diseñados» de acero inoxidable en el entorno del flujo acelerado de neutrones de los reactores rápidos realimentados reveló casi inmediatamente una propiedad de ese material previamente desconocida, que se manifestó en un impresionante incremento volumétrico. La dilatación de los contenedores de acero inoxidable en el interior del núcleo del reactor conllevaba el peligro de que quedaran encajados, lo cual limitaba drásticamente el tiempo que podía permitirse que permanecieran en el reactor antes de tener que efectuar una nueva recarga de combustible. La necesidad de retirar y reemplazar los contenedores de combustible dilatados afectó de forma sustancial a las características operativas del reactor y, por ende, limitó su eficiencia. He aquí el ejemplo de un diseño que oculta una sorpresa desagradable, en este caso un fallo funcional que, sin ser catastrófico, tuvo serios efectos limitadores sobre el futuro de dicho diseño.

Conclusión

No hay ninguna duda de que el diseño normal continuará siendo una actividad humana preponderante. Y por ello constituye una responsabilidad particularmente indeclinable de los diseñadores el llevarlo a cabo teniendo presentes de manera singular los peligros del error humano, que casi invariablemente parecen acechar en algún lugar más allá del entorno de diseño establecido. No quiero decir con esto que dichos entornos no deban ser ampliados y expandidos de forma responsable, pues ir más allá de los límites establecidos es algo tan propio de la naturaleza humana como cometer errores. En mi opinión, disponer de un patrimonio común de historias de casos clásicos de fallo, especialmente de aquellas que subrayan las limitaciones del diseño normal y destacan los tipos de errores que son más fáciles de cometer y más difíciles de detectar, podría ser el medio individual más prometedor para minimizar la ocasión de cometer de nuevo, en la lógica del diseño, los mismos errores que han atormentado a los diseñadores desde el origen de los tiempos. Por ejemplo, si entre los diseñadores existiera una conciencia superlativamente vívida de que a lo largo de la historia ha ocurrido un caso tras otro de sorpresas funestas cuando se han realizado diseños basados en la extrapolación, los diseñadores involucrados en situaciones de diseño semejantes podrían estar alerta para prestar más atención a las señales de advertencia que, invariablemente, parecen preceder y prefigurar dichos fallos. Parece que cuando el entorno de diseño descansa sobre un cúmulo de éxitos se tiende más a cerrar los ojos ante esas señales que cuando se apoya en una conciencia vasta y profunda de muchos estudios de caso de fallos que ponen de manifiesto frecuentes errores y descuidos en la atención que debe recibir el diseño.

Robert Stephenson, sensibilizado quizás por su experiencia con el puente sobre río el Dee, se convirtió en un denodado adalid de la discusión de fallos en la literatura profesional de las ingenierías. En 1856, en una carta al editor de una revista, acerca de un manuscrito cuya evaluación se le había solicitado, Stephenson expresó su esperanza de que, al revisar su artículo, el autor hiciera relación de «todos los accidentes, de menor o mayor trascendencia» que habían ocurrido durante el desarrollo del proyecto de ingeniería sometido a discusión. Stephenson se había convertido en un acendrado creyente en el valor de las historias de caso y (tal como cita Whyte, 1975) escribió que «una exposición fiel de esos accidentes, y de los medios con que se hizo frente a sus consecuencias, sería verdaderamente mucho más valiosa que cualquier descripción de las obras de mayor éxito».

Otro diseñador de puentes decimonónico, el estadounidense George Thomson, señaló en 1888 que la alta cifra de fallos de puentes ferroviarios ocurridos en los Estados Unidos y Canadá (más de doscientos cincuenta en la década anterior) era signo de que las estructuras mecánicas eran víctimas de una condición patológica que era merecedora de tanta atención por parte de los ingenieros como las patologías médicas lo son por parte de los facultativos. Elaborando esta analogía escribió:

> La cuestión de la patología mecánica constituye un estudio tan legítimo e importante para el ingeniero, en su propio ámbito, como la patología médica lo es para los doctores. Esperamos de los médicos que estén familiarizados con la fisiología, pero sin la patología serían de escasa utilidad a sus semejantes; asimismo, entra netamente entre las competencias de la ingeniería el investigar las causas, estudiar los síntomas y hallar remedios para los fallos mecánicos, al igual que «encauzar las fuentes de energía de la Naturaleza para uso y provecho del hombre».

Procedente de la primera definición formal de la ingeniería de caminos, canales y puertos (véase, por ejemplo, Watson, 1988), la cita de Thomson connota la convicción, generalizada entre los ingenieros de comienzos de la era victoriana, de que sus actividades estaban al servicio de la Humanidad no menos que las de otras profesiones establecidas de más antiguo. Sin embargo, hacia finales del siglo XIX y comienzos del XX esa convicción había evolucionado y se había transformado en una suerte de orgullo desmedido, y los éxitos cada vez más espectaculares de la ingeniería expulsaron de la literatura y, según parece, también de la mente de los ingenieros profesionales los fallos y errores que parecían condenados a repetir. A juzgar por la escasa literatura profesional dedicada al estudio de los fallos (sin ser estos mismos en absoluto escasos), durante los primeros tres cuartos del siglo XX ocuparse demasiado explícitamente de los errores de ingeniería no estaba de moda, en el mejor de los casos, y en el peor, podía juzgarse poco profesional. Un desafortunado error éste, pero que, según parece, comienza a verse rectificado en nuestros días.

7
El puente tubular Britannia
Paradigma de diseño focalizado

NO TODOS LOS FALLOS de ingeniería suceden de forma repentina y dramática, acompañados del estrépito de la rotura del acero y el estruendo de su caída, y de la trágica pérdida de vidas humanas. De hecho, algunos errores de diseño clásicos, cometidos en el contexto de proyectos que generalmente son celebrados como magníficos éxitos, han sido obviados y olvidados casi por completo. Sin embargo, también estos errores pueden ser endémicos del proceso de diseño y, por lo tanto, los estudios de caso que los dilucidan pueden resultar extraordinariamente instructivos y valiosos para la enseñanza y la práctica del diseño. El rubro de «diseño focalizado» puede describir una clase de errores tales y, como sucede con otros tipos de error, el mejor modo de presentarlo es a través de una historia de caso paradigmática.

Uno de los ejemplos más fecundos del papel que desempeñan los fallos en la historia de la ingeniería fue aclamado como un tremendo éxito estructural y durante ciento veinte años se lo tuvo por un monumento al ingeniero que lo creó. La finalidad del puente Britannia era prolongar el tendido de la línea férrea de la Compañía Ferroviaria de Chester y Holyhead a través del estrecho de Menai, un estratégico brazo de mar con peligrosas corrientes que separa la costa noroccidental de Gales de la isla de Anglesey. En la costa opuesta de Anglesey, en el puerto de Holyhead, los trenes procedentes de Londres podrían enlazar así con los trasbordadores de Dublín. Debido a la importancia que el estrecho de Menai tenía para la Armada británica, el Almirantazgo vetaría cualquier puente que interfiriese con la navegación, tanto durante como después de su construcción.

La solución propuesta por Robert Stephenson fue el diseño del paso a gran altura que posteriormente se conocería como puente Britannia, y que fue universalmente calificado como el proyecto de construcción más significativo desarrollado en las Islas Británicas, si no en el mundo, a finales de la década de los cuarenta del siglo XIX, hasta el punto de que los ingenieros y los diseñadores se sentían obligados a visitar el lugar para observar sus progresos. Una famosa pintura del artista John Lucas muestra a Stephenson en una reunión con otros ingenieros y contratistas, con el puente Britannia, parcialmente terminado, al fondo (ilustración 7.1).

Lo que hace al puente Britannia tan valioso como estudio de caso son las múltiples maneras en que pone de manifiesto el importante papel que los fallos desempeñan en el diseño. Los responsables del proyecto tuvieron presentes numerosas posibilidades de fallo estructural y las discutieron de manera consciente y explícita (y bien documentada) a lo largo de todo el proceso de diseño, y fue este hecho el que aseguró el incuestionable éxito estructural del revolucionario diseño del puente. Sin embargo, la concentración de una atención tan estrecha en el problema estructural dominante de cómo tender un puente a través del estrecho de Menai creó una visión focalizada que dio como resultado un monumento a la miopía ingenieril. Los principios estructurales materializados en el puente Britannia tuvieron durante la segunda mitad del siglo XIX una influencia señalada en la evolución de las estructuras que afectó al diseño de todo, desde grúas hasta los cascos de los barcos *(cf.* Rosenberg y Vincenti, 1978); sin embargo, en retrospectiva, el puente demostró ser un fracaso económico y ambiental de tal calibre que su misma forma revolucionaria quedó obsoleta casi inmediatamente después de su terminación, como lo evidencia el hecho de que nunca se construyeran sino unos pocos puentes de similar factura.

Ilustración 7.1. Pintura conmemorativa debida a John Lucas que representa una reunión de trabajo sobre el progreso del puente Britannia. Muestra a Robert Stephenson (sentado, en el centro) y a Isambard Kingdom Brunel (sentado, en el extremo derecho), con el puente en construcción al fondo (Institution of Civil Engineers).

Por qué y cómo el puente Britannia pudo ser al mismo tiempo tanto un tremendo éxito como un fracaso en tanto que modelo de puentes posteriores es algo que se entiende mejor en el contexto de las circunstancias que rodearon su diseño y construcción. Como ocurre con todas las historias de caso cuyo propósito es servir como paradigmas, su narración adquiere mayor significación cuantos más detalles se conocen. La explicación que viene a continuación menciona únicamente los aspectos esenciales de este caso histórico, haciendo especial hincapié en el papel del fallo en el proceso de diseño; un grado de detalle mucho mayor puede encontrarse en la inestimable exposición contemporánea del ingeniero residente del puente, Edwin Clark, «publicada con la aprobación y bajo la supervisión de Robert Stephenson» en 1850, en dos volúmenes acompañados de un infolio de grabados. La obra incluye algunas observaciones introductorias del propio Stephenson acerca de la historia de su diseño. Otra exposición contemporánea, publicada en 1849 por William Fairbairn, que había dirigido los cruciales experimentos a escala que ayudaron a determinar la configuración final de los grandes tubos de hierro forjado del puente, reproduce muchas de las cartas que Stephenson y él intercambiaron a medida que evolucionaba el diseño. La monografía escrita conjuntamente por el economista Nathan Rosenberg y el ingeniero Walter Vincenti (1978) contiene una interpretación moderna de la importancia del puente para la historia de la tecnología.

Acerca de la introducción del hierro en la construcción de puentes

La historia del puente Britannia es inseparable de la historia del desarrollo del uso estructural del hierro. El que se considera generalmente como el primer puente de hierro se alza aún sobre el cauce del río Severn, cerca de Coalbrookdale, en Shropshire, Inglaterra. El arco de hierro fundido de cien pies (30,48 metros) del Iron Bridge quedó concluido en 1779, culminando los largos años que sus promotores habían debido dedicar primero a persuadir al Parlamento para que autorizase la construcción de un puente de hierro y luego a prevalecer tácticamente sobre aquellos que les respaldaban financieramente y que se inclinaban por una concepción más conservadora, que utilizase materiales entonces tradicionales en la construcción de puentes como la piedra y la madera. La importancia del río Severn para el comercio local de hierro era tal, sin embargo, que todas las partes interesadas se mostraban reacias a obstruir el tráfico fluvial con pilastras situadas en medio del cauce, e incluso a emplear la cimbra de madera temporalmente indispensable para construir el arco de un puente de piedra. Además, el valle del Severn era el centro de la fabricación de hierro y existía una preferencia obvia a favor de utilizar materiales de construcción locales. Finalmente se llegó al acuerdo de construir un puente de hierro cuyos grandes segmentos de fundición pudieran ensamblarse rápidamente, con miras a causar la mínima interrupción posible del comercio.

En los años setenta del siglo XVIII existían pocas herramientas analíticas que pudieran ser empleadas para determinar la forma o el tamaño de los elementos componentes de un puente en arco, por no hablar de uno construido de hierro. En consecuencia, resultaba de lo más natural conferir a los componentes del puente producido en el material que todavía no había sido probado proporciones similares a las que se habrían utilizado si el puente hubiera sido construido utilizando algún material ya probado: entre los bocetos de alzados de las arquitecturas propuestas para el puente se aprecian claros intentos de hacer que el puente de hierro tuviera la apariencia de haber sido construido en piedra o madera (véase la ilustración 7.2). Realmente, el perfil del puente que se construyó finalmente (véase la ilustración 7.3) tiene una gran semejanza con el de un puente de piedra romano de arco de medio punto y los detalles de las nervaduras de hierro fundido, así como los ensamblajes entre las distintas partes de la estructura, recuerdan claramente la forma de sus equivalentes en una construcción hecha de madera. En último análisis, la responsabilidad del suministro de los componentes que se usarían en el Iron Bridge recayó en el fundidor local Abraham Darby III, cuya experiencia con el hierro fundido, tanto heredada de su familia como adquirida por él mismo, no tenía parangón.

Como la piedra, el hierro fundido soporta bien la compresión ejercida por una carga, pero se sabía que no era fiable respecto a la tensión, una debilidad que se vería subrayada por el derrumbe del puente sobre el río Dee. De otra parte, era posible forjar el hierro para producir eslabones y cadenas de gran resistencia. En consecuencia, en el siglo XIX resultó natural defender el empleo del hierro forjado, que era cada vez más abundante y económico, para sustentar las calzadas de los puentes desde arriba, en lugar de hacerlo desde abajo. De ese modo, el puente no supondría virtualmente ningún impedimento para el tráfico fluvial ni durante su construcción ni en ningún otro momento de su vida útil. (Además, la altura máxima de los puentes de arco se limita solamente a su punto central). Se cree que la concepción del puente colgante tiene antiguos orígenes en Asia.

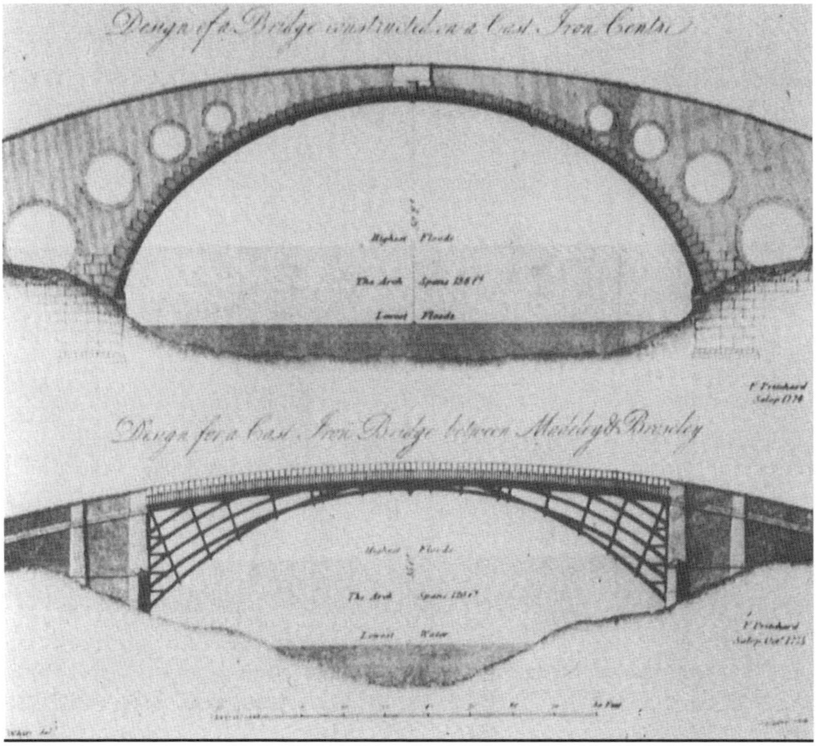

Ilustración 7.2. Dos diseños propuestos para el puente de hierro sobre el río Severn. Ambos imitan el aspecto de puentes construidos con materiales tradicionales, piedra y madera respectivamente (Ironbridge Gorge Museum Trust, 1979).

Ilustración 7.3. El Iron Bridge, construido en 1779 (Ironbridge Gorge Museum Trust, 1979).

Allí se habrían empleado por vez primera enredaderas y otras formas de vegetación en sus principales elementos estructurales. A comienzos del siglo XIX tuvo lugar en Occidente una revitalización y una ampliación de esta forma merced a la utilización de cadenas de hierro forjado.

Entre los puentes colgantes de hierro forjado más célebres estaba el construido sobre el estrecho de Menai a mediados de los años veinte del siglo XIX (véase la ilustración 7.4). Su diseñador, Thomas Telford, comenzó su carrera como cantero y el trabajo de cantería de los tramos de acceso y de las torres del Puente Colgante del Estrecho de Menai, que todavía hoy sostienen y confieren elegancia a esa estructura, se encuentran entre los rasgos del puente que lo convierten en uno de los más atractivos del mundo. Pero fue Telford el ingeniero, y no el cantero, el que hubo de enfrentarse a la difícil cuestión de determinar qué peso había de tener una cadena de hierro forjado hecha de barras de ojal planas engarzadas capaz de sostener el tablero central del puente a través de la extensión, enorme para aquella época, de 580 pies (176 metros) que separaba las torres. Como es típico en una empresa de ingeniería novedosa, lo primero y lo principal que el ingeniero se esforzó por comprender, con el propósito de averiguar cómo evitar que fallase la estructura definitiva, fueron las características de fallo de la cadena (*cf.* Paxton, 1979).

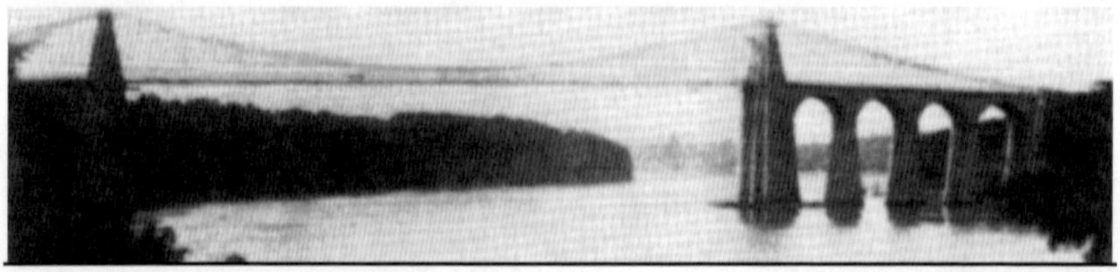

Ilustración 7.4. El Puente Colgante del Estrecho de Menai, de Thomas Telford, terminado en 1825 y abierto al tráfico a comienzos de 1826.

Entre dos torres de prueba separadas hasta por 900 pies (274,32 metros) Telford suspendió una cadena de muestra de la que colgó sucesivos pesos. Basó sus cálculos en una ecuación desarrollada para la catenaria por el matemático, físico y óptico británico Peter Barlow y advirtió que la cadena se alargaba en función de la carga que soportaba. Telford observó que la cadena de hierro empezaba a estirarse más rápidamente a partir de cierto nivel de tensión y que esto sucedía cuando la carga era aproximadamente la mitad de la que podía soportar la cadena una vez que ésta alcanzaba su alargamiento máximo. En consecuencia, se aseguró de que las cadenas del puente estuvieran hechas de una cantidad suficiente de hierro como para que, en el caso de que la calzada se viera sometida a la peor carga que pudiera imaginar, la tensión que hubieran de experimentar los cables no excediera los dos tercios de la tensión crítica. En suma, Telford empleó un factor de seguridad (que es siempre un reconocimiento explícito de que el fallo constituye un criterio que pone límites prudenciales al diseño) de uno y medio con respecto a la posibilidad de una distensión marcada y acelerada y de tres respecto a la posibilidad de un fallo catastrófico de las cadenas. Naturalmente, el aspecto más novedoso del diseño, las cadenas de hierro, hizo que Telford mirase con lo que probó ser una visión periférica restringida los problemas que las cadenas mismas planteaban para el éxito de la estructura. Su preocupación por el posible fallo de las cadenas de hierro forjado era tan grande, que de hecho, no prestó la suficiente atención a cómo se comportaría la calzada, que era relativamente ligera y flexible, en condiciones de viento fuerte, un aspecto que habría de revelarse, en efecto, como el eslabón más débil del puente.

En el ínterin, el precio del hierro forjado había descendido espectacularmente. Según un observador (citado por Hunt, 1851) que escribía a mediados de siglo y contemplaba la construcción de puentes en perspectiva histórica:

> Constituye un elemento distintivo del arte del ingeniero adoptar el material más idóneo, económicamente hablando, para la obra que ha de realizar. En 1806 el precio del hierro forjado en barras, de tamaño grande, era de veinte libras por tonelada; en 1816 era de diez libras por tonelada; en 1828 era de ocho libras por tonelada; y en 1831 era de cinco a seis libras por tonelada.
>
> Por esta razón, dicho material ha ido introduciéndose gradualmente en el ámbito de las aplicaciones en la construcción, ámbito en el que su elevado precio había excluido durante largo tiempo que se tomasen en consideración sus importantes cualidades.

En un clima semejante no es de extrañar que los puentes de hierro se convirtieran en las estructuras predilectas de los ferrocarriles británicos, entonces en plena expansión. Pero un periodo de depresión económica golpeó Gran Bretaña en los años treinta del siglo XIX y durante ese lapso se construyeron pocos puentes, innovadores o no. Cuando un huracán derribó la ligera calzada del puente sobre el estrecho de Menai, en 1839, ésta se reconstruyó esencialmente como una cuestión de mantenimiento forzoso. De ahí que el puente de Telford sobre el estrecho de Menai siguiera siendo, por algún tiempo, el ejemplo más destacado del estado del arte en la construcción de puentes colgantes de cadenas de hierro. Además, en el medio siglo transcurrido desde la construcción del Iron Bridge, por una parte las concepciones de puentes de arco de hierro habían evolucionado considerablemente y, por otra, se habían desarrollado, si bien que para cubrir vanos más modestos, nuevos diseños de vigas de hierro fundido, como los que condujeron al diseño del puente sobre el río Dee.

A mediados de la década de los cuarenta, durante el resurgimiento de la construcción de vías ferroviarias y puentes conocido como «la locura del ferrocarril», se solicitó a Robert Stephenson que proyectase varios puentes a fin de solucionar distintos problemas relativos al modo de salvar diversas masas de agua en el trazado del ferrocarril de Chester a Holyhead, el enlace ferroviario cardinal entre Londres y los barcos correo que enlazaban con Dublín. Entre los puentes requeridos estaba el que franquearía el río Dee, en Chester, y debe haber dado la impresión de que este puente presentaba problemas estructurales casi triviales en comparación con los monumentales problemas a los que Stephenson hubo de hacer frente en el diseño y construcción de otro puente que le ocupaba en ese momento, el nuevo trazado a través del estrecho de Menai. El repentino desplome del puente sobre el río Dee en 1847 causó sin duda una gran preocupación acerca de la posibilidad de que también se hubiera pasado algo por alto en el diseño, mucho más ambicioso, del puente sobre el estrecho, y es probable que esto redundase en que el ingeniero fuera mucho más conservador en el caso del gran puente entonces en construcción que en sus obras anteriores.

El puente Britannia

A comienzos de la década de los años cuarenta del XIX, en pleno apogeo de la frenética actividad derivada de la locura de los ferrocarriles, el Ferrocarril de Chester y Holyhead quiso disponer de una conexión ferroviaria permanente a través del estrecho de Menai, con objeto de que no fuera preciso recurrir a los trasbordadores hasta la estación término de Holyhead, en la costa occidental de la isla de Anglesey. Existía ya un puente colgante sobre el estrecho que llevaba dos décadas soportando el tránsito de carruajes y cuyo servicio sólo se había visto interrumpido, infrecuentemente, a consecuencia de las obras de reparación de la calzada que se hacían necesarias tras sufrir desperfectos a causa de alguna tormenta de gran intensidad. Aunque se trataba sólo de inconvenientes menores que cerraban la carretera al tránsito únicamente durante el tiempo necesario para reparar su ligera calzada, unas interrupciones semejantes del tráfico ferroviario habrían resultado embarazosas para una compañía de ferrocarril cuya reputación dependía de su fiabilidad.

Además, la gran flexibilidad del tablero de los puentes colgantes hacía problemática la posibilidad de que los cruzasen locomotoras de gran tonelaje arrastrando tras de sí pesados convoyes. El propio peso de la locomotora habría combado tanto el puente que bajo su carga se habría formado un auténtico valle y la máquina habría tenido que ascender una empinada cuesta para terminar de cruzar. Esta circunstancia contradecía un objetivo básico de los tendidos ferroviarios: el trazado por el que discurriese la locomotora de vapor debía ser llano o, a lo sumo, su gradiente había de variar sólo paulatinamente. Al parecer, no se pensó que reforzar el puente existente fuera una solución viable; sus cadenas no habían sido diseñadas para soportar la gran cantidad de peso muerto estructural que esta opción habría añadido. George Stephenson, el gran ingeniero ferroviario y padre de Robert, propuso desenganchar la pesada locomotora a la entrada del puente, enganchar los vagones a un tiro de caballerías que los arrastrase hasta el otro lado del puente y, una vez al otro lado del estrecho, engancharlos a una nueva locomotora para el resto del trayecto. Esto habría ofrecido una buena solución técnica al problema, pero difícilmente habría podido considerarse en consonancia con la imagen que los ferrocarriles estaban intentando proyectar. Lo que se demandaba era un puente lo bastante fuerte y rígido como para que pesadas locomotoras que arrastrasen tras ellas trenes a plena carga pudieran cruzar sin interrupción alguna el estratégico brazo de mar.

Debido a la gran importancia que el estrecho de Menai tenía para el Almirantazgo británico, éste poseía un considerable poder de veto sobre el tipo de obstrucciones que pudieran interferir el paso de sus buques de vela, con sus elevados mástiles, a través del paso. Hacía ya casi medio siglo que los ingenieros estaban convencidos de que la construcción de puentes de arco de hierro con vanos individuales del orden de 1 000 pies (304,8 metros), y por tanto aptos para salvar el estrecho sin necesidad de soportes intermedios, era perfectamente factible, pero el Almirantazgo rehusaba que los canales navegables pudieran verse obstruidos por cualquier clase de andamiaje, indispensable para sustentar provisionalmente la estructura durante una construcción que podría prolongarse durante años. Nada menos que ya en 1810 Thomas Telford había ideado un proyecto con el que se podía construir un arco de hierro sin necesidad de anclar el andamiaje provisional en el agua, mediante el expediente de dotar a las sucesivas secciones del arco de cables de suspensión tendidos desde las riberas de la costa, como si se tratase de un puente atirantado, hasta que la estructura pudiera sostenerse por sí sola (véase la ilustración 7.5). Finalmente, sin embargo, el Almirantazgo vetó el puente de arco, cualquiera que fuese su sistema de construcción, porque la altura de su luz sería menor a los lados, cerca de la costa, donde los barcos se veían arrastrados en ocasiones por las dificultosas corrientes del estrecho.

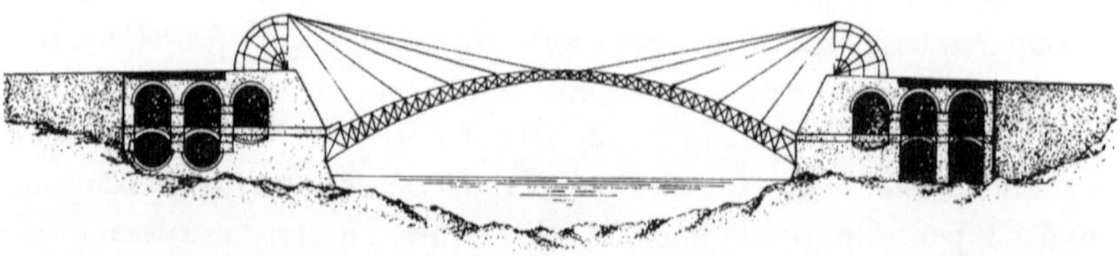

Ilustración 7.5. Sistema propuesto por Thomas Telford para construir un puente de arco de hierro sin necesidad del andamiaje tradicional (Beckett, 1984, con autorización de David & Charles, Newton Abbot, Devon, Inglaterra).

Stephenson hubo de reconsiderar la opción del puente colgante y al preguntarse sobre la posibilidad de reforzar la plataforma lo bastante como para soportar el paso de trenes tuvo ocasión de reflexionar sobre algunos ejemplos entonces recientes de estructuras de celosía o entramado utilizadas para sostener tramos de carreteras de peaje o canales. A Stephenson, sin embargo, le parecía difícil aplicar esos sistemas a una estructura que hubiese de soportar el tráfico ferroviario, pues creía que la extrema tracción que sufriría la cadena de suspensión modificaría su curvatura de una forma tan pronunciada que (en palabras citadas por Clark, 1850) «la dirección e intensidad de las complejas tensiones ejercidas a lo largo de toda la extensión de la estructura de celosía resultarían [ser] incalculables en lo que a cualquier propósito práctico se refiere». En otras palabras, Stephenson se sentía incómodo con la idea de construir un puente colgante porque carecía de herramientas analíticas y computacionales capaces de determinar hasta qué punto se acercaba el diseño al punto en que fallaría.

Las objeciones funcionales y políticas que se oponían a los diseños de puentes disponibles por entonces obligaron a Stephenson a buscar alguna forma nueva de tender un puente a través del estrecho de Menai. Como acostumbran a hacer los diseñadores en las fases conceptuales de sus proyectos, Stephenson pensó en el modo como se habían resuelto problemas similares en el pasado y reparó en un sistema estructural que él mismo había utilizado en 1841 en un pequeño puente que atravesaba el río Lea, en la localidad de Ware. A fin de que el diseño del puente satisficiera la doble condición de alzarse a suficiente altura como para no constituir un obstáculo para la circulación, paralela a las orillas del río, de los remolcadores, y de no elevarse demasiado sobre el nivel del terreno por el que discurría la calzada, Stephenson hubo de idear un tablero plano, dotado asimismo de escaso grosor, y capaz de salvar los cincuenta pies (15,24 metros) del ancho del río. El sistema que concibió empleaba una plataforma de hierro forjado, como muestra la ilustración 7.6, que Stephenson describió como «una serie de celdillas... estando el conjunto formado por planchas de caldera unidas mediante ángulos de hierro fijados con remaches, como en la construcción de una caldera corriente». Aunque en el puente que finalmente se construyó en Ware se emplearon vigas metálicas paralelas, de un modo más convencional, Stephenson no olvidó el diseño celular. Inicialmente pensó en adoptar la estructura celular para dotar de una plataforma rígida a un puente colgante, «y la primera versión de esta idea consistía simplemente en materializar el principio descrito en la estructura suspendida de madera... sustituyendo el entramado vertical en celosía y los tirantes cruzados de la parte superior e inferior, ambos de madera, por planchas de acero forjado remachadas entre sí mediante ángulos de hierro».

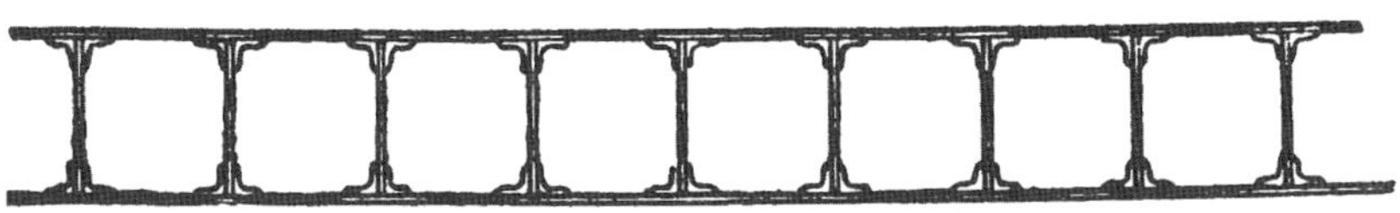

Ilustración 7.6. Sección transversal del concepto de Robert Stephenson para el puente sobre el río Lea, en Ware (Clark, 1850).

Como la mayoría de los diseños conceptuales, el ideado para el puente Britannia a través del estrecho de Menai, una vez imaginado, pudo ser bosquejado gráficamente, articulado verbalmente y criticado de ambos modos. De hecho, a partir de ese momento el proceso de diseño consistió en un proceso reiterado de identificación de posibles modos de fallo y la subsiguiente concepción de modificaciones capaces de prevenir que sucedieran. Sin embargo, en la evolución de todo diseño, incluso del más radical, existe casi siempre un elemento subyacente que permanece constante, y en el caso de Robert Stephenson esa idea inmutable se concretó pronto en el propósito de salvar las distancias —del orden de 500 pies (152,4 metros)— entre las torres que se levantarían en las orillas y el islote Britannia, situado en el centro del estrecho, y que por lo tanto constituía ya un obstáculo para la navegación, mediante tubos de hierro forjado lo bastante fuertes como para soportar no sólo su propio peso sino también el de los trenes que transitasen por ellos. Esos tubos serían esencialmente vigas de hierro de un tamaño sin precedentes, y tal que los trenes podrían circular a través de su estructura en lugar de hacerlo sobre ella. Tanto la forma de dichos tubos como la manera de instalarlos implicaban tecnologías que no se habían utilizado nunca antes y que, por consiguiente, no habían sido comprobadas. Según la narración de Clark (1850), incluso antes de la finalización del puente era ya

> difícil enumerar cronológicamente las innumerables modificaciones que el perfil general de esta curiosa estructura había experimentado; pero ya fuese una sección elíptica o rectangular o una combinación de ambas el objeto de la discusión, el tubo que formaban se trataba siempre como si fuera una viga, siendo sus paredes superior e inferior de hierro forjado interpretadas como análogas a las alas superior e inferior de una viga de hierro fundido en forma de T. Todos los cálculos de su resistencia se efectuaron partiendo de este supuesto.

Ni siquiera unas exposiciones tan amplias como lo son las de Clark y Fairbairn mencionan más que una pequeña parte de las variantes tomadas en consideración.

Cualquiera que sea la cronología, como sucede virtualmente con todos los diseños innovadores, la forma del puente Britannia evolucionó a través de sucesivos análisis de las posibilidades de fallo. Cada iteración conceptual de las pruebas a que se sometía a los modelos permitía imaginar nuevos modos de fallo plausibles, cuya posibilidad real era preciso comprobar a continuación y, en el caso de que en efecto pudieran producirse, concebir y comprobar medidas preventivas contra ellos. Incluso después de haber decidido ya la forma que tendrían los tubos, el procedimiento para colocarlos en su emplazamiento siguió constituyendo un problema evidente. Por otra parte, dado el interés existente en que el enlace ferroviario estuviese finalizado lo antes posible, el proyecto se ejecutó según el principio que hoy se conoce como «construcción acelerada», a consecuencia de lo cual la construcción de las torres de piedra comenzó mucho antes de que se conocieran los detalles definitivos de la superestructura. Una concepción inicial iba a emplear cadenas similares a las utilizadas en los puentes colgantes para sostener los tubos durante su colocación y aportar sustentación suplementaria durante su funcionamiento. Cuando se probó que las cadenas eran innecesarias, las torres de las que habrían estado suspendidas habían sido levantadas ya hasta una altura que entonces carecía de sentido, confiriéndoles un aspecto desconcertante que algunos críticos de estructuras han juzgado estéticamente desafortunado (*cf.* Billington, 1983).

Habida cuenta de que el concepto de unas vigas metálicas de sección tubular era algo que nunca se había utilizado antes y que, por lo tanto, no estaba comprobado, Stephenson recabó la colaboración de Fairbairn y Hodgkinson, que tomaron a su cargo, respectivamente, los experimentos y la interpretación analítica de los datos experimentales, y cuyos resultados proporcionaron las líneas maestras para el diseño y para la extrapolación a partir de los modelos de escala. En cierta fase del proyecto, Stephenson pensó que sería una mala idea conferir a las vigas un perfil rectangular porque precisarían del soporte de unos tirantes diagonales que serían obviamente incompatibles con el espacio libre necesario para el paso de los trenes; además, los grandes costados planos del cajón tubular del puente ofrecerían una gran superficie expuesta al viento. Estas preocupaciones acerca de los diversos factores que podrían derivar en fallos inclinaron a Stephenson a preferir formas circulares u ovaladas, como sugiere la naturaleza, y que se han adoptado en artefactos como las cañas de pescar de bambú. De hecho, en algunos de los experimentos iniciales se emplearon tubos circulares (véase la ilustración 7.7). Esos experimentos demostraron, uno tras otro, que al someter a la parte inferior del tubo a una carga central transversal (que simulaba una pesada locomotora que atravesase un puente de tamaño real) el tubo fallaba por pandeo de su parte superior, o bien porque su parte inferior se partía en dos. Los experimentos habían sido concebidos precisamente para revelar esa clase de fallos; Stephenson

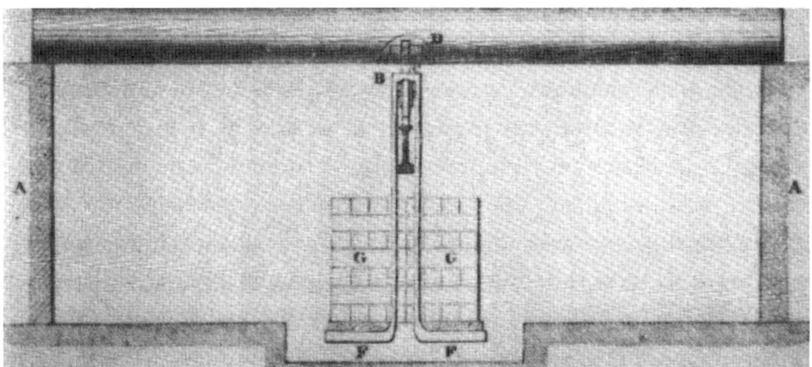

Ilustración 7.7. Uno de los modelos de prueba del tubo de acero forjado realizado por William Fairbairn para determinar el diseño del puente Britannia (Fairbairn, 1849).

y los ingenieros de su equipo habrían sido incapaces de diseñar los detalles del puente en sí sin un conocimiento apropiado de cómo y bajo qué carga fallaban los modelos a escala. Cuando esto sucedía el tubo se reforzaba incrementando el grosor del hierro forjado en el punto donde se había producido el fallo y se repetía el experimento. Pronto fue evidente que el mejor modo de prevenir los fallos exigía que sus secciones superior e inferior se asemejasen a las alas planas características de las vigas de hierro fundido y, en consecuencia, se reconsideró de nuevo la forma rectangular original como una alternativa más lógica que las secciones curvas.

Fairbairn aumentó progresivamente la escala de sus experimentos y Hodgkinson logró inferir de ellos las fórmulas empíricas que permitieron determinar la carga de fractura de una viga rectangular hueca; con el tiempo, esos resultados permitieron diseñar y ensamblar los propios tubos tal como muestra la ilustración 7.8, en la que se aprecia la influencia del diseño que Stephenson no utilizó en el puente de Ware sobre las alas superior e inferior del tubo. Diseñar un experimento que proporcionase una comprobación exhaustiva de los tubos a escala real equivalía, esencialmente, a construir el puente mismo, de modo que, como suele suceder habitualmente en el caso de las estructuras de ingeniería de obras públicas, la comprobación crucial y definitiva no sería otra que la terminación y puesta a prueba de esa estructura única. Stephenson y sus colegas centraron hasta tal punto su atención en la cuestión de las cargas máximas que podrían soportar los tubos del puente —que provocaban su fallo en la sección crítica, situada hacia la mitad de su longitud— que parecen haber pensado relativamente poco en la resistencia de las vigas en los restantes puntos de su longitud, aunque Stephenson y Fairbairn mantuvieron algunas discusiones acerca de cómo se comportarían los tubos situados sobre los pilares. En el diseño definitivo, los tubos que conformaban el puente fueron ensamblados de tal modo que constituían una única viga continua y hueca, un rasgo del que el ingeniero estadounidense Gustav Lindenthal (1922), especialista en la construcción de puentes, afirmó posteriormente que había puesto los cimientos del moderno puente en ménsula.

Ahora bien, a lo largo de todo el proceso se asumió siempre que la carga central constituía el peor caso posible, y esta noción dominó la decisión sobre las dimensiones del tubo, cuyo resultado fue un diseño conservador. Este conservadurismo prevaleció, naturalmente, a expensas de la economía; dada la premura con que se diseñó y construyó el puente Britannia, las cuestiones relativas a la optimización de los recursos parecen no haber recibido toda la atención de la que deberían haber sido acreedoras. Y sucedió así a pesar de que hacía tiempo que se diseñaban raíles de hierro cuyos extremos eran más ligeros que su porción central, lo que suponía un significativo ahorro de material. A la vista del hecho de que izar el inmenso peso del tubo terminado hasta su emplazamiento final entre las torres constituyó después una tarea titánica, la focalización que mantuvo el grosor del tubo casi constante a lo largo de toda su longitud supuso un error de juicio en el diseño que se revelaría muy costoso. Es más, si el concepto tubular hubiera dado paso a otro en el que el tren circulase sobre una viga (cajón), el puente ferroviario de Stephenson a través del estrecho de Menai podría haber desempeñado un papel completamente diferente en la historia del diseño de estructuras.

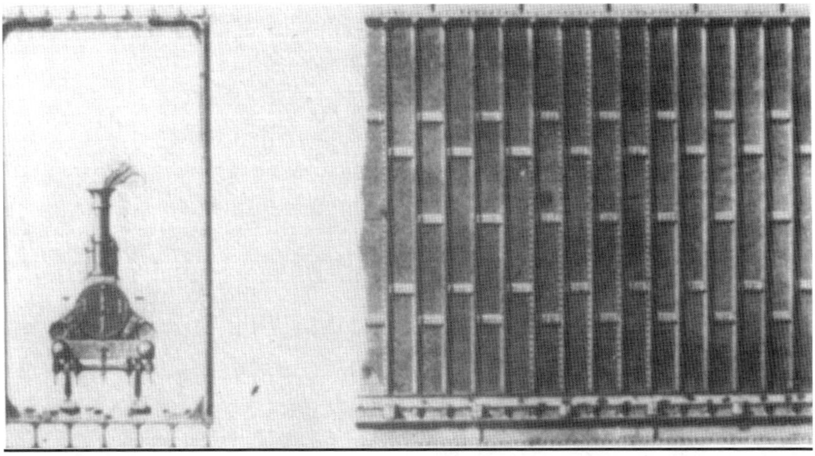

Ilustración 7.8. Tubo del puente Britannia: a la izquierda, sección transversal; a la derecha, alzado lateral que muestra la disposición de las planchas de hierro forjado (Beckett, 1984; con autorización de David & Charles, Newton Abbot, Devon, Inglaterra).

El éxito y los fracasos del puente Britannia

El transporte por barco y la elevación de los tubos del puente Britannia pusieron de manifiesto que éstos poseían una robustez que hacía innecesarias las cadenas de suspensión suplementarias que se habían previsto y que nunca llegaron a colgarse de unas torres cuya altura por encima del túnel del puente resultó entonces por completo superflua (véase la ilustración 7.9). Durante las pruebas finales de comprobación, la deflexión del puente fue mínima; y el éxito del concepto tubular, en tanto que estructura, absoluto. De hecho, los trenes seguirían cruzando el estrecho de Menai a través de él de no ser por la deformación que los tubos de hierro forjado sufrieron por efecto del calor de un incendio acaecido en 1970 (que se inició accidentalmente en el tejado de madera que se había añadido para proteger la estructura de hierro del contacto con el agua, que la habría oxidado), después del cual se creyó más prudente reconstruir el puente usando una estructura de arco. De la estructura original del puente Britannia solamente se preservó una pequeña sección, con el propósito de exhibirla junto a la estructura reconstruida, pero el puente tubular de Conway (Gales), construido en la misma línea férrea y en la misma época que el puente Britannia, y conceptualmente similar a éste aunque de menor tamaño, ha sobrevivido y sigue en activo hasta el día de hoy (véase ilustración 7.10).

Ilustración 7.9. El puente Britannia, finalizado en 1850.

La causa de que un puente que se mantuvo operativo durante ciento veinte años resultase obsoleto casi desde el instante mismo de su finalización fue la excesiva —si no obsesiva— atención que su diseñador (y los colaboradores de éste) prestaron al particular problema de diseño que suponía conseguir que los trenes cruzasen el estrecho de Menai a través de un largo tubo de hierro forjado. La colosal magnitud de este problema de ingeniería estructural, en el clima de la «locura de los ferrocarriles» rampante en el momento en que se concibió y aprobó el proyecto, parece haber preocupado, y ocupado, hasta tal punto a cuantos participaron en el proyecto que nadie parece haber tenido el tiempo o la inclinación necesarios para plantear cuestiones relativas a la utilización del puente y a su eficiencia.

El coste total del puente Britannia fue de seiscientas mil libras esterlinas, aproximadamente, en dinero de 1840. Los experimentos, que tuvieron un papel crucial en el hecho de que la estructura del puente fuera un éxito, significaron tan sólo el 0,67% de esa cantidad. El material necesario para construir los tubos, en cambio, consumió el veinticinco por ciento de esa cifra; y su construcción misma, en la que se emplearon dos millones de remaches, significó otro treinta y siete por ciento. Si se suma el coste de transportar los tubos por barco hasta el puente y de izarlos luego hasta su emplazamiento definitivo, los tubos de hierro forjado del puente Britannia supusieron casi el setenta y cinco por ciento del coste de la estructura en su conjunto.

Ilustración 7.10. El puente tubular construido por Stephenson en Conway, Gales. A su lado, el puente colgante construido por Telford (Pannell, 1977).

Por la misma época en que se estaba proyectando y construyendo el puente Britannia, otros ingenieros habían empezado ya a considerar procedimientos alternativos para construir puentes ferroviarios con una luz de 500 pies (152,4 metros). La solución de Isambard Kingdom Brunel, contemporáneo de Stephenson, cuando se le planteó el problema de construir un puente de ferrocarril a través del río Tamar, en Saltash, en el suroeste de Inglaterra, consistió en emplear unos grandes tubos como arcos de compresión y cadenas de suspensión de hierro forjado, combinados en una disposición que se equilibraba por sí sola y que, en conjunto, tiene cierto parecido con la estructura de una celosía lenticular (véase la ilustración 7.11). Los días de prodigalidad de la locura de los ferrocarriles habían pasado ya cuando se aprobó el proyecto de Brunel y la economía había cobrado tanta importancia como las cuestiones estructurales. De ahí que el puente de Tamar, que en el proyecto original de Brunel contaba con doble vía al igual que el puente de Stephenson sobre el estrecho de Menai, tuviera una única vía cuando fue inaugurado finalmente en 1859. El puente de Saltash contenía solamente 4 700 libras de hierro por pie de longitud de vía, en comparación con las 7 000 del puente Britannia. El coste del puente de Saltash, calculado en libras esterlinas por pie de vía tendido, era aproximadamente la mitad que el del puente Britannia (Shirley-Smith, 1976).

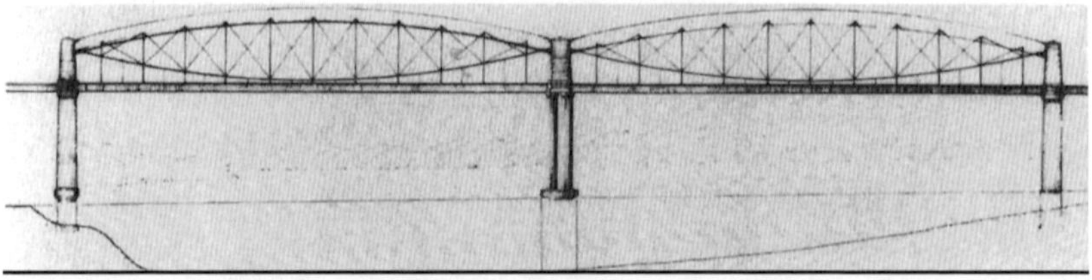

Ilustración 7.11. Puente de Isambard Kingdom Brunel sobre el río Saltash, también conocido como el Royal Albert Bridge, teminado en 1859 (Beckett, 1984; con autorización de David & Charles, Newton Abbot, Devon, Inglaterra).

En Norteamérica, un ingeniero que había empleado el principio del puente colgante para conseguir que el trazado de los canales pudiese cruzar por encima de otros cursos de agua adoptó el mismo principio para construir un puente ferroviario a través del cañón del río Niágara (véase el capítulo 8). El puente erigido por John Roebling tenía una luz de 820 pies (250 metros) y cuando se abrió al tráfico en 1855 (ilustración 7.12) significó una espectacular refutación de la creencia en la imposibilidad de que un puente colgante pudiera sostener de manera efectiva el tránsito de

Ilustración 7.12. Puente colgante de John Roebling sobre el cañón del río Niágara, terminado en 1854.

un convoy formado por una gran locomotora seguida de de varios pesados vagones. Acto seguido, Roebling proyectó y construyó otro puente colgante, esta vez a través del río Ohio a su paso por Cincinnati, y en el informe anual de 1867 sobre dicho proyecto señaló que mientras que el peso de los tubos de 460 pies (140 metros) de longitud del puente Britannia superaba las mil quinientas toneladas, la totalidad de los 1057 pies (322,17 metros) del tramo suspendido principal de su puente sobre el Ohio pesaba menos de esa cantidad. Además, este puente colgante, a pesar de ser más ligero, era capaz de soportar una carga de más de tres mil toneladas, que Roebling afirmaba era el doble de la carga dinámica que «excedería la resistencia de los tubos del puente Britannia» (Roebling, 1867).

Las preferencias británicas y norteamericanas en lo tocante al diseño de puentes iban a divergir a lo largo de cien años. Los británicos desarrollaron variaciones del principio de las vigas celosía que llevarían tanto a desastres que marcarían un hito, como el desplome del puente sobre el fiordo del Tay, cerca de Dundee, Escocia, en 1879 (véase, por ejemplo, Prebble, 1975; Sibly, 1977) como a triunfos señeros como el puente sobre el fiordo del Forth, próximo a Edimburgo, cuya construcción fue dotada de particular robustez en respuesta al fatal destino sufrido por el puente del Tay (*cf.* Koerte, 1992; Paxton, 1990). Los estadounidenses, en cambio, prefirieron los puentes colgantes, que, partiendo de la extensión del puente sobre el Niágara, evolucionaron tanto hacia el éxito, en 1931, del puente George Washington sobre el Hudson, en Nueva York, como hacia el embarazoso fracaso del puente de Tacoma Narrows. En todos estos casos, la economía fue uno de los principales factores determinantes de la forma del puente —hasta que un fracaso colosal obligó a reconsiderar el estado del arte.

El concepto del puente Britannia no resultó decepcionante sólo en términos económicos. El concepto que concibió Stephenson requería una viga metálica tubular sin aberturas, excepto en los extremos por los que entrarían y saldrían los trenes, lo que suponía que, una vez terminado su ensamblaje, los dos largos tubos que lo componían formaban lo que en realidad era un túnel de hierro forjado de 1500 pies (457,2 metros) suspendido a 100 pies (30,48 metros) de altura sobre el estrecho de Menai. Eso significaba que el sol calentaba el interior de los tubos hasta alcanzar temperaturas nada confortables, que convertían la experiencia de cruzar el puente en algo excepcionalmente caluroso, por decirlo suavemente. Sin olvidar que la chimenea de la locomotora de carbón llenaba de humo y hollín el aire. Cruzar el puente Britannia no resultaba en absoluto placentero para los pasajeros, por lo cual pronto se señaló el diseño del puente tubular como lo que hoy llamaríamos un fracaso ambiental. Un observador, que escribía en 1902 (citado en Beckett, 1984), describió su visión de un tren que salía del túnel de hierro forjado:

> Está uno atento mirando cuando de pronto escucha un estruendo sordo que aumenta gradualmente hasta que el tren, con un infernal estampido metálico y la reverberación de un millón de ecos, sale como una exhalación, arrastrando tras de sí una vaharada de aire que hiede a la atmósfera saturada de hollín que, tras cincuenta años de uso, nada logra extraer de los tubos, y que se parece abominablemente al olor de una chimenea doméstica sucia.

Este defecto del diseño de Stephenson era indiscutible y hubo un claro intento de rectificarlo en uno de los pocos puentes tubulares que se construyeron después del Britannia. El puente Victoria se proyectó para atravesar el río San Lorenzo en Montreal, Canadá, y su principal superestructura sería un conjunto de tubos de hierro forjado de unos 6000 pies (1830 metros) de extensión. La construcción del puente se inició en 1854 y fue abierto al tráfico cinco años después. Una de sus diferencias con el puente Britannia era la ranura que se había practicado en la parte más alta de los tubos para permitir la salida del aire viciado. Sin embargo, la medida no resultó muy efectiva y el humo siguió constituyendo una «molestia importante», especialmente en combinación con las temperaturas de 125° Fahrenheit (51,7° Celsius) que llegaban a registrarse en el interior de los tubos durante el verano. (Beckett, 1984).

Conclusión

Cabe esperar que todos los diseños innovadores resulten hasta cierto punto antieconómicos, en el sentido de que precisan un grado de investigación, desarrollo, demostración y conservadurismo en la ejecución que sus descendientes tecnológicos pueden dar por supuestos. La historia del caso del puente Britannia ofrece una panorámica de cómo la focalización sobre un problema concreto que puede afectar al diseño de un proyecto nuevo, impide que sus diseñadores concedan a los fallos que no tienen relación con el desafío principal que el nuevo diseño plantea, la misma cuidadosa reflexión que dedican a aquél. En absoluto quiero decir con esto que debería prestarse ni siquiera un poco menos de atención a las constricciones principales del problema; por el contrario, mi intención es advertir a los diseñadores que habrán de realizar un esfuerzo especial para tomar distancia de cualquier diseño en que trabajen y prestar a aquellos otros aspectos del problema que pudieran parecer más prosaicos o que supongan un desafío menor o trivial, esos que quedan situados en la periferia del foco de atención principal, todo el estudio y la reflexión que necesitan. No debería concluirse que los diseños revolucionarios están inevitablemente condenados a constituir fracasos desde el punto de vista económico o de los factores humanos, ya que un entorno de diseño prudente debería tener en cuenta de forma apropiada esos factores, al igual que lo hace con aquellos otros que parecen ser los principales (*cf.* Norman, 1988).

Indudablemente, muchos climas de diseño están sujetos a atmósferas similares a la de la locura de los ferrocarriles, en que la necesidad de terminar el proyecto bajo fuertes limitaciones temporales excluye la posibilidad de explorar todos los aspectos de su diseño o de optimizarlo con la atención suficiente para asegurar que no quedará obsoleto desde el día mismo de su finalización. La Compañía del Ferrocarril de Chester y Holyhead puede haber estado dispuesta a aceptar el proyecto de un puente que era demasiado pesado (y, por ende, innecesariamente caro) por el interés de adelantarse a la competencia o simplemente porque necesitaba abrir el puente al tráfico cuanto antes para que empezase a contribuir a sus ingresos corrientes. Pero parece improbable que el ferrocarril hubiera escogido construir un tubo abrasador y lleno de humo sobre un paso a cielo abierto, que es lo que resultó ser el puente Britannia. De hecho, en toda la correspondencia intercambiada por Stephenson y Fairbairn, que documenta los experimentos y pruebas a que fueron sometidos uno tras otro todos los diseños de la forma del tubo, así como las consideraciones concomitantes sobre los principios estructurales del puente Britannia, no parece haberse dedicado la más mínima atención a la cuestión de cuáles serían las consecuencias de su funcionamiento cuando los trenes lo cruzasen cargados de personas.

El valor que pueda tener una historia de caso como la presente reside en su potencial para contribuir a un patrimonio común de paradigmas de diseño que sirvan a los diseñadores de hoy y de mañana para interiorizar una circunspección que de otro modo sólo podrían adquirir repitiendo las equivocaciones del pasado. Nunca volverá a plantearse de nuevo un problema de diseño como el de tender un puente a través del estrecho de Menai en un clima tecnológico, económico y político exactamente igual al que vivieron Robert Stephenson y sus colegas hace siglo y medio. Sin embargo, el *proceso* de diseño, desde la conceptualización hasta la realización del artefacto, constituye, en lo esencial, una actividad humana que es atemporal e indiferente a la localización geográfica, e incluso al objeto de diseño mismo, y que únicamente culmina con éxito en la medida en que es capaz de prever las posibilidades de fallo. Destilar la esencia de ese proceso (y, especialmente, de sus dificultades) a partir de una historia de caso clásica como la del puente Britannia puede aportar una apreciación de las limitaciones de un determinado diseño que es poco probable que pueda obtenerse por algún otro medio, excepto repitiendo los errores de los diseñadores de otras épocas. La comprensión de los tipos de errores y los fallos de juicio que pusieron coto a los logros de algunos de los más grandes diseñadores del pasado puede disminuir la probabilidad de que incurramos en esos mismos errores en el futuro.

8
El fallo como fuente de buen juicio en ingeniería
John Roebling como diseñador paradigmático

La primera herramienta del diseño y la más indispensable es el buen juicio. Es éste el que no sólo encauza desde el principio los proyectos de diseño e ingeniería en la dirección correcta sino que además mantiene una mirada crítica constante sobre su progreso y su ejecución. Cualquiera que sea el nombre que se le dé, el buen juicio ingenieril es lo que, desde el comienzo mismo del proceso de diseño conceptual, identifica los elementos clave que configurarán un modelo, analítico o experimental, y que serán el objeto principal de la exploración y el desarrollo. Lo que discierne los detalles significativos de los insignificantes es el buen juicio y el buen juicio es lo que detecta los extravíos en que puede incurrir el análisis. El buen juicio ingenieril es el factor cualitativo que pervive entre las incontables cuantificaciones que han llegado a dominar el diseño en la era de la informática. Es el buen juicio lo que dice al diseñador qué es lo que basta comprobar con sólo unos someros cálculos y qué mediciones tienen su momento en el propio lugar de construcción. El buen juicio, en una palabra, es lo que evita las equivocaciones, detecta los errores, capta los defectos y prevé y previene los fallos. Y la fuente más importante de buen juicio de que disponemos es la capacidad de aprender de nuestros propios errores, y de los que han cometido otros.

Todas las mejoras significativas en nuestras capacidades analíticas y computacionales son, en el fondo, mejoras de nuestra aptitud para prever y predecir los fallos. Todo cálculo de ingeniería es, en realidad, un cálculo de la posibilidad de fallo, ya que cualquier cantidad que deba calcularse adquiere significado para la ingeniería únicamente en comparación con otro valor que representa, o bien una limitación a la que está sometido el diseño, o bien el criterio de referencia de alguna clase de fallo. De hecho, sólo es posible calcular los factores de seguridad en el contexto explícito de la modalidad de fallo que se esté previendo; los diseños de mayor éxito son aquellos para cuyo desarrollo se ha efectuado, ya desde la mesa de dibujo de la oficina de proyectos, el más completo análisis proactivo de los fallos posibles. Y la mejor manera de asegurar que el análisis proactivo de los posibles fallos que se realice sea tan completo como sea posible consiste en que los individuos más directa y profundamente involucrados en el diseño posean una amplitud de juicio en materia de ingeniería tan diversa y sólida como lo exija su proyecto.

El buen juicio en ingeniería no nace necesariamente de una comprensión más profunda de la teoría o de un mayor dominio de las herramientas de computación. Las tradicionales ciencias de la ingeniería son servidoras y estudiantes, no amas y maestras del buen juicio ingenieril, sin olvidar que las experiencias de diseño que puede procurar un contexto académico sólo pueden proporcionar visiones limitadas de lo que significa el buen juicio. Las historias de casos de fallos son la fuente singular más fecunda de lecciones relativas al buen juicio en ingeniería; incuestionablemente, estas historias exponen ejemplos de mal juicio y, por consiguiente, proporcionan orientaciones que pueden contribuir a hallar los medios de sortear las dificultades inherentes al propio proceso de diseño. Otra fuente inestimable de lecciones sobre el ejercicio de un juicio sólido en ingeniería la constituyen los grandes ingenieros, quienes, por medio de sus obras, han demostrado haber poseído un juicio impecable, el cual, más a menudo que lo contrario, tenía su origen en su estudio crítico de casos de fallos o de aquellos que estuvieron cerca de serlo.

Los ingenieros siempre han tenido que lidiar con cuestiones de conocimiento e ignorancia. Los problemas intelectuales que planteaba el diseño no eran menos complejos en el pasado de lo que lo son hoy día. De hecho, podría afirmarse que en un medio donde existía una menor comprensión analítica y un potencial computacional igualmente menor, el desafío intelectual del diseño era incluso mayor que en la actualidad. Algunos ingenieros del pasado cuyos logros admiramos, nos han legado, además de los artefactos que diseñaron, un registro intelectual de cómo los diseñaron; esos documentos recogen las lecciones de los maestros y son tan relevantes hoy como cuando fueron escritos. Así pues, nos incumbe a nosotros indagar en ellos con el fin de, cuanto menos, destilar el potencial que alberguen para transmitir cierta apreciación de qué es el buen juicio en ingeniería. Cuando esto se hace así, queda patente, caso tras caso, que el sello distintivo de los ingenieros de mayor éxito ha sido siempre una adecuada previsión de los fallos, y que es la falta de juicio lo que conduce a que éstos se produzcan.

Este capítulo estudiará el caso ejemplar del gran ingeniero del siglo XIX, especialista en puentes, John A. Roebling, quien no sólo fue prolífico como diseñador y constructor de puentes sino también como autor de numerosos informes sobre su actividad de diseño. Sus escritos lo muestran también como alguien que leía y escuchaba con avidez las informaciones acerca de fallos, un rasgo generalmente compartido por los grandes ingenieros, aquellos que han sabido darse cuenta de que, a partir de las equivocaciones de otros, es posible aprender qué constituye una falta de juicio, y que, consiguientemente, han sabido mejorar, por inferencia, su propio juicio. Es irrelevante cuánto tiempo ha transcurrido desde que vivieron y cometieron sus memorables equivocaciones, los ingenieros del pasado siguen siendo hoy día los maestros supremos en lo que a buen juicio se refiere (*cf.* Billington, 1977; Peck, 1969, 1981).

John Roebling como diseñador paradigmático

El ingeniero especializado en puentes David Steinman (1950) y el escritor David McCullough (1972) han narrado admirablemente la historia de John Roebling, y la de su hijo y su nuera, quienes, a diferencia de él, pudieron ver finalizada la construcción del puente de Brooklyn. Los estudios biográficos exhaustivos de esta naturaleza son esenciales para apreciar en profundidad el crecimiento y el desarrollo intelectual de un ingeniero, y una lectura muy recomendable para quienquiera que desee adquirir una comprensión más completa del carácter propio de la ingeniería y del desarrollo del juicio. Tales obras de índole general pueden proporcionar también cierta comprensión de los desafíos a que se enfrenta un diseño, así como de los obstáculos técnicos (y no técnicos) que hubieron de vencerse para conseguir que fructificase algo que para ingenieros pretéritos había sido únicamente un sueño. Sin embargo, es inevitable que estas obras generales hagan mayor hincapié en los aspectos humanos y sociales de los ingenieros y de la ingeniería. Para adquirir la mejor aprehensión posible de qué y cómo pensaron los ingenieros de más éxito acerca del diseño y la ejecución de sus máximos logros, en cambio, es necesario acudir a sus propios escritos.

John Roebling (ilustración 8.1) nació en 1806 en la provincia alemana de Sajonia y estudió en el Instituto Politécnico de Berlín, donde cursó hidráulica y construcción de puentes, entre otras materias, incluyendo filosofía, que impartía Hegel, de quien se dice que tenía una elevada opinión de Roebling como estudiante y que fue el primero en sugerirle que considerase la idea de trasladarse a los Estados Unidos. Roebling emigró en 1831 y se estableció en Pensilvania occidental. La ciudad que fundó se llamó inicialmente Alemania —más tarde cambió su nombre por el de Saxonburg— y Roebling creía que podía convertirse en «un paraíso terrenal». Sin embargo, el destino de Roebling no se hallaba en la agricultura y algún tiempo después puso en marcha una fábrica para producir cable de alambre trenzado, más resistente y fiable que las maromas de cáñamo usadas entonces en el transporte fluvial. Roebling había observado que el fallo de las cuerdas de cáñamo causaba numerosas muertes en ríos y canales, las rutas de transporte de mayor importancia en la época hasta que fueron desplazadas por los ferrocarriles. En 1849 trasladó su floreciente empresa de cables metálicos a Trenton, Nueva Jersey, desde donde desempeñaría un papel de primer orden en la historia de la construcción de puentes en Norteamérica (*cf.* Steinman, 1950; McCullough, 1972).

Ilustración 8.1. John A. Roebling (Steinman, 1950).

Roebling fue un escritor especialmente dotado y prolífico, si bien su audiencia estuvo constituida más a menudo por los consejos de directores de los proyectos en que participó que por sus colegas de profesión o por el público en general. Para lograr que los proyectos de millones de dólares que concebía llegasen realmente a convertirse en estructuras plenamente operativas, Roebling forzosamente debía interactuar con políticos y hombres de negocios y convencerlos de que sus propuestas no eran sólo estructuralmente, sino también política y financieramente sólidas. Roebling parece haber tenido un éxito especial al transmitir su sentido del buen juicio a quienes no eran ingenieros, y la clave de su éxito era la forma tan clara y explícita en que exponía el método por el que había llegado a sus conclusiones respecto al diseño.

Como todos los constructores de puentes antes y después de él, Roebling tuvo que responder a preguntas difíciles sobre las posibilidades de éxito o fracaso de sus proyectos antes de que se le concediera derecho alguno o de que hubiera alguien dispuesto a invertir su capital en ellos. A pesar de la reputación que había ganado previamente como constructor de eficaces puentes acuíferos colgantes que permitían que un canal pudiera cruzar por encima de cursos de agua naturales, Roebling hubo de defender de principio a fin sus nuevos proyectos cuando a mediados de siglo propuso un puente colgante de 825 pies de largo (unos 251 metros) para sostener no la carga uniforme y regular de un curso de agua sino la carga irregular y violenta de una locomotora de vapor arrastrando un convoy de vagones ferroviarios a través del cañón del Niágara (véase la ilustración 7.12), un puente de mil pies (305 metros) de luz para salvar el río Ohio en Cincinnati, evitando cualquier obstáculo al creciente tráfico de gabarras, o un puente con una luz principal de 1 595 pies (486 metros) a través del muy transitado East River, que separa Nueva York y Brooklyn, y que acabaría con la necesidad de utilizar trasbordadores, especialmente poco fiables durante los meses invernales.

Ahora bien, antes de que Roebling pudiera siquiera plantear sus propuestas a políticos y financieros debía tener plena confianza técnica en que el puente colgante constituía, de hecho, un diseño alternativo viable. Téngase en cuenta que en los años cuarenta tanto ingenieros como personas legas ponían seriamente en duda la fiabilidad de los puentes colgantes. Incluso el puente colgante construido por Thomas Telford a través del estrecho de Menai, en el noroeste de Gales (véase la ilustración 7.4), que era un dechado de elegancia y utilizaba las cadenas de hierro forjado tecnológicamente más avanzadas de su época, había experimentado dificultades con vientos fuertes: poco después de su apertura, en 1826, su tablero empezó a sufrir graves vibraciones. Diez años más tarde pudo observarse que, durante una tormenta, su cubierta oscilaba con una doble amplitud de dieciséis pies (casi cinco metros), y en 1839 un huracán derribó parte de la calzada.

Un muelle recreativo sostenido por cadenas, por el que discurría un paseo marítimo —y que era en realidad un puente colgante que nacía en la playa y se adentraba en el mar— construido en la ciudad turística de Brighton, al sur de Inglaterra (véase la ilustración 8.2) había sufrido daños similares durante un vendaval en 1833. Su plataforma resultó dañada de nuevo durante una tormenta en 1836 (véase la ilustración 8.3). J. Scott Russell (1839) describió e ilustró la destrucción resultante (véase la ilustración 8.4) en un artículo en el que proponía la teoría de que el fallo de la estructura se había debido al exceso de vibraciones. Otras historias de terror que relataban el hundimiento de puentes colgantes bajo unidades de infantería que los estaban cruzando a paso de marcha, o por el repentino movimiento de un lado a otro de los espectadores de una regata o por estampidas de ganado aparecían con regularidad en las páginas de los periódicos, en las publicaciones populares y en las revistas técnicas.

Debido a tales desastres, es natural que se contemplase al puente colgante con cierto escepticismo y el descrédito en que cayó en Gran Bretaña explica los elevados gastos en que se incurrió para idear diseños alternativos, como el puente tubular Britannia. La fuente de inspiración de la idea de Robert Stephenson de unos grandes tubos de hierro forjado de ciento cincuenta metros de longitud fue, de hecho, un puente acuífero colgante que Roebling había diseñado para el paso elevado de un canal (véase por ejemplo Clark, 1850), pero el temor a su posible fallo, que entonces se asociaba con los puentes más ligeros, llevó a Stephenson a desarrollar su concepción tubular como una viga metálica hueca que se sustentaba a sí misma, una idea que marcó la dirección que seguiría la construcción de puentes en Gran Bretaña durante los siguientes cien años.

Ilustración 8.2. El muelle colgante de Brighton (Bishop, 1897).

Ilustración 8.3. El muelle colgante de Brighton tras el vendaval de 1833 (Bishop, 1897).

Ilustración 8.4. El muelle colgante de Brighton durante (arriba) y después (abajo) de la tormenta de 1836 (Russell, 1839).

Con algunas notables excepciones, como el diseño clásico que Brunel ideó para el puente sobre la garganta del Avon (véase la ilustración 8.5), que, como el puente de Telford sobre el estrecho de Menai había de soportar solamente tráfico de carruajes, en Gran Bretaña el saber técnico convencional excluiría de toda consideración al puente colgante en cualquier ocasión en que se necesitase un puente rígido y fiable al servicio del tráfico ferroviario.

Ilustración 8.5. El puente colgante de Clifton sobre la garganta del Avon, de Isambard Kingdom Brunel, finalizado póstumamente en 1864.

Roebling, sin embargo, no aceptó el saber técnico convencional británico. Si bien existe acuerdo general sobre la antigüedad del principio del puente colgante, que antaño se sustentaba mediante enredaderas u otros cables vegetales afianzados a árboles, el impulso moderno que recibió en Norteamérica se atribuye al ingeniero James Finley, quien, ya en los primeros años del siglo XIX, había comenzado a suspender de cadenas de hierro forjado tableros de celosías reforzadas a los que había conferido mayor rigidez. Fueran la causa las raíces norteamericanas del diseño del puente colgante moderno, o el hecho de que Roebling participaba en el negocio del cable metálico trenzado —que reemplazaría a las cadenas de hierro forjado o cuando menos se utilizaría para añadir sustentación y refuerzo a las calzadas de algunos de sus primeros puentes colgantes—, el caso es que en los años cuarenta del siglo XIX, Roebling había refutado las convicciones británicas y estaba convencido de que era posible erigir puentes colgantes con la robustez suficiente como para soportar el paso de un ferrocarril. En una carta dirigida a la compañía formada para la construcción de un puente que cruzase el cañón del Niágara, citado en Pugsley, 1968) escribió:

> Aunque el señor Robert Stephenson ha despachado la cuestión de la posible aplicación del principio del puente colgante a los puentes ferroviarios con un fallo negativo... es posible conseguir que cualquier extensión de hasta mil quinientos pies, con la deflexión habitual, sea perfectamente segura para soportar el paso de trenes ferroviarios, además del tráfico ordinario.

Roebling estaba en posición de sostener estas afirmaciones no sólo a causa de su ya vasta experiencia en la construcción de acueductos colgantes para los canales del entorno de Pittsburgh y en otros lugares, sino también porque había analizado la naturaleza y las causas del fallo de los puentes colgantes que habían puesto en entredicho ese concepto. En lugar de tomar esos fallos como mera evidencia de que el principio del puente colgante era inadecuado para las necesidades del transporte ferroviario, Roebling contempló esos fallos como experimentos casuales o fortuitos que revelaban precisamente aquello que requería más atención a la hora de confeccionar un diseño que evitase dichos fallos (véase Roebling, 1841).

A pesar de que fueron muchos los puentes colgantes que fallaron en la primera mitad del siglo XIX, cada nuevo episodio concitaba indefectiblemente el interés de los ingenieros. En un artículo publicado en el volumen de las *Transactions of the Institution of Civil Engineers* de 1842, C.W. Pasley, un coronel de los Ingenieros Reales, relata cómo mientras se hallaba de viaje por Escocia sobrevino un terrible huracán y a poco tuvo conocimiento de que la tormenta había destruido el puente colgante de Montrose; de inmediato cambió su itinerario para acudir a observar los daños:

> Me sentí movido a detenerme allí a fin de tener ocasión de inspeccionar la construcción de dicho puente y averiguar por qué causa o, cuanto menos, por qué parte había cedido; pues he sido siempre de la opinión de que la arquitectura práctica, es decir, la ingeniería puede extraer de los ejemplos de fallos las más instructivas lecciones.

A renglón seguido, Pasley relata las circunstancias que rodearon un fallo anterior del puente de Montrose. Poco después de su entrada en servicio una de sus cadenas cedió cuando una multitud de espectadores que asistía a una competición náutica se precipitó de un lado al otro del puente. En respuesta a ese fallo, que «había demostrado la insuficiencia de las cadenas en su presente estado», las cadenas de suspensión fueron reforzadas. Pasley elabora también una distinción entre los términos «vibración» y «ondulación», empleados ambos por aquel entonces, a veces de forma intercambiable, para describir el comportamiento de los puentes colgantes durante las tormentas; aduce además los beneficios de que los tableros de los puentes sean rígidos para impedir su movimiento vertical y, por último, compara la construcción de los puentes que fallaron y la de los que no lo hicieron, señalando las deficiencias de aquéllos en contraste con éstos. En una comunicación subsiguiente, J. M. Rendel (1841) discutió igualmente el fallo del puente de Montrose y ponderó «la importancia de dar a las calzadas de los puentes colgantes la mayor rigidez que sea posible» para evitar su fractura en el curso de tormentas violentas.

Pasley añade asimismo algunos comentarios acerca del puente colgante de Telford sobre el estrecho de Menai, que había sufrido daños durante una tormenta en 1839, hecho que había sido descrito por W. A. Provis (1842), otro miembro de la Institution of Civil Engineers. A partir de la exposición de éste, Pasley concluía que el puente de Menai no había demostrado la efectividad frente al viento que de él se esperaba. Pero Pasley se apresura a añadir que su crítica del diseño del puente no pretende «menospreciar en lo más mínimo» a su amigo Thomas Telford, primer presidente de la Institution, pues en los días en que el puente fue diseñado y construido los ingenieros carecían «de cualquier experiencia con un puente colgante cuyo vano tuviera tan grandísima extensión». Además, «cuando se trata de la construcción de algo entera y absolutamente nuevo, no existe el hombre, por grandes que sean sus talentos, de quien se pueda esperar que prevea todas y cada una de las contingencias frente a las que habrían de tomarse disposiciones precautorias». En otras palabras, Pasley estaba admitiendo que podía esperarse que ocurrieran fallos, especialmente en aquellos casos en que los diseños iban más allá del estado del arte. En un escolio al final de su artículo, Pasley menciona haber sido informado de que, durante la fase de diseño, Telford estudió la posibilidad de «sustentar en una estructura de celosía la calzada» de su puente, pero «finalmente decid[ió] prescindir de ella en primera instancia e incorporarla subsiguientemente si la experiencia demostraba su necesidad». La modificación de un diseño en respuesta a un fallo es, por supuesto, mucho más frecuente en el caso de objetos producidos en masa que en el de estructuras de ingeniería de obras públicas grandes y singulares como los puentes colgantes *(cf.* Petroski, 1992f). En el caso de éstas es claramente preferible pecar de conservadurismo desde el comienzo, aunque existen ejemplos de puentes cuyo diseño ha sido rehecho y actualizado.

Roebling, que en la década de los años cuarenta del siglo XIX, se dedicaba a la producción de cable metálico, publicó su propio artículo en el *American Railroad Journal and Mechanics' Magazine* (Roebling, 1841), «Observaciones sobre los puentes colgantes y sobre los méritos respectivos de los puentes sostenidos mediante cables o cadenas» («Remarks on Suspension Bridges, and on the Comparative Merits of Cable and Chain Bridges»). El artículo comienza afirmando que «las tormentas son, innegablemente, el mayor enemigo de los puentes colgantes» y prosigue señalando que en su época existía «diversidad de opiniones entre los ingenieros» acerca de los efectos que el viento tenía sobre esas estructuras. Roebling critica la flexibilidad de los puentes de cadenas y observa que «los pisos de casi todos los puentes colgantes ingleses son enteramente demasiado ligeros». Enumera luego los puntos débiles de los diseños contemporáneos de puentes colgantes, incluyendo el de Menai, y describe varias maneras en que podrían utilizarse cables, en lugar de cadenas, para estabilizar un puente tanto frente al viento como frente a vibraciones indeseadas. En la conclusión de su artículo, Roebling explica, en un tono en cierta medida apologético, porqué se ha esforzado en señalar tantos aspectos negativos en los puentes colgantes tal como eran construidos en aquellos días:

> Las observaciones precedentes no han sido realizadas con vistas a desacreditar los puentes colgantes. Imputarme tal motivo sería injusto. No existe mayor admirador de ese sistema que yo mismo...
> Al mencionar los puntos débiles del sistema mi única intención es mostrar cuánta precaución se necesita para proyectar y ejecutar un puente colgante a fin de garantizar una seguridad perfecta.

Roebling entendía que para construir un puente que no fallase se debía prever cómo podía fallar. A despecho del escepticismo de Pasley, al familiarizarse completamente no sólo con los problemas de los puentes colgantes precedentes, sino también con sus causas, un ingeniero como Roebling fue capaz de prever, en la medida de lo humanamente posible, todo cuanto podía originar problemas en un puente colgante y de incorporar en su diseño elementos que evitasen distintos modos de fallo. Roebling se servía del análisis de fallos en su forma más constructiva y proactiva.

No sólo los fallos atrajeron la atención de Roebling, naturalmente, pues ningún ingeniero puede estar tan obsesionado por los fallos ni tan petrificado ante su posibilidad que deje de advertir que existen diseños que funcionan, y de construirlos. Entre los puentes que Roebling admiraba estaban los que Marc Isambard Brunel, el padre de Isambard Kingdom Brunel, había diseñado a principios de siglo para la isla Borbón (hoy, Reunión), en el océano Índico, un lugar donde son frecuentes los tifones. Esos dos puentes, sobre los que Roebling leyó en la memoria sobre puentes colgantes que Navier publicó en 1823 (*cf.* Picon, 1988), eran de dimensiones modestas: uno de ellos constaba de dos vanos de 122 pies (37,19 metros) cada uno y el otro de un solo vano de 131 pies (39,93 metros) (véase la ilustración 8.6). Por encima de la calzada su construcción era más o menos convencional: ésta quedaba suspendida por medio de cadenas de sustentación dispuestas en grupos. La característica que más distinguía a los puentes de Brunel padre se hallaba, sin embargo, en su parte inferior, donde la calzada estaba conectada a «cadenas con una curvatura inversa cuyos extremos quedan fijados a los pilares y los estribos. Al mismo tiempo, los extremos de las cadenas invertidas quedan tendidas horizontalmente desde el puente de modo que actúan como tirantes en dicha dirección» (citado por Roebling, 1841). En otras palabras, el movimiento vertical u horizontal del tablero del puente quedaba contenido por la sujeción que se le aplicaba desde abajo y desde los costados.

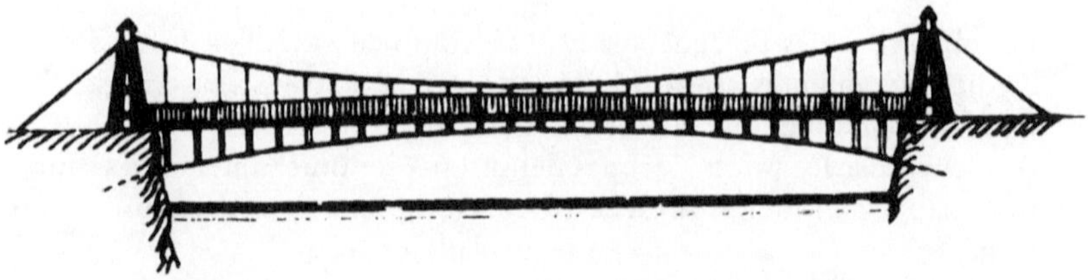

Ilustración 8.6. Uno de los puentes colgantes de Marc Brunel (Hopkins, 1970).

La idea de anclar el tablero de los puentes colgantes con el fin de eliminar vibraciones o movimientos indeseados fue objeto también de un artículo que John Scott Russell leyó ante la Scottish Society of Arts en 1839 (véase la ilustración 8.7). En dicho trabajo, Russell describe cómo una violenta tormenta había causado «considerables daños a consecuencia de las vibraciones producidas por la acción del viento» a un andamiaje de madera hecho de elementos largos y delgados, lo que le había movido a indagar las causas del fallo. Posteriores observaciones experimentales de dicha estructura revelaron a Russell que vibraba de maneras distintas, y que éstas se podían cambiar y mitigar modificando la disposición de los travesaños. Inspirándose en la analogía con la vibración de bandas elásticas y cuerdas bajo la acción del viento y con los efectos de ejercer sobre ellas diversas presiones en distintos lugares con un dedo, Russell llegó a la conclusión de que sería posible contener considerablemente los desplazamientos de un cuerpo vibrátil constriñendo su movimiento en cualquier punto, excepto sus nodos. Russell aplicó sus observaciones al caso de los puentes colgantes y analizó distintos casos de disposición de los tirantes.

Fig. 11

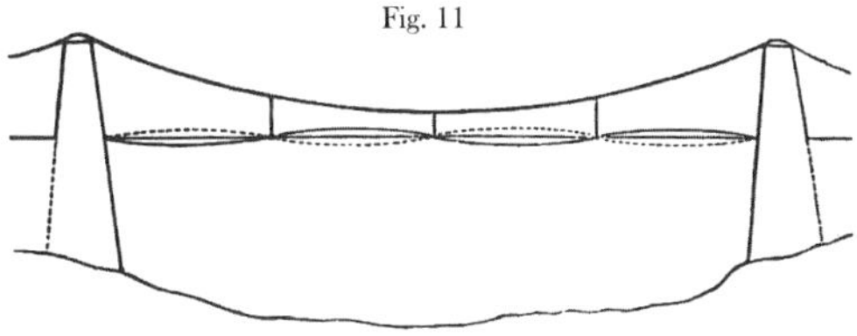

Ahora bien, a fin de evitar estas oscilaciones será inútil adoptar alguno de los varios métodos de anclaje mediante tirantes que han venido empleándose hasta la fecha; de nada sirve sujetar una cadena-tirante al centro de la calzada, figura 12, o incluso sujetar cuatro tirantes a los puntos 2, 3 y 4,

Fig. 12

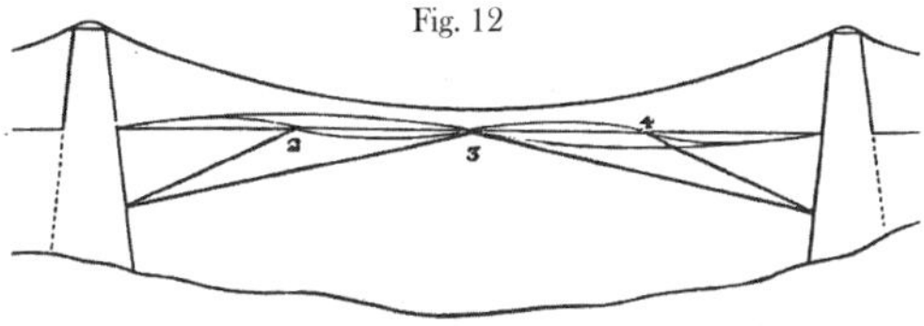

porque vibrará exactamente igual que como muestran las figuras 9 y 11, ni tampoco produciría el efecto deseado sujetar los tirantes a los puntos 2 y 3, como muestra la figura 13, porque el

Fig. 13

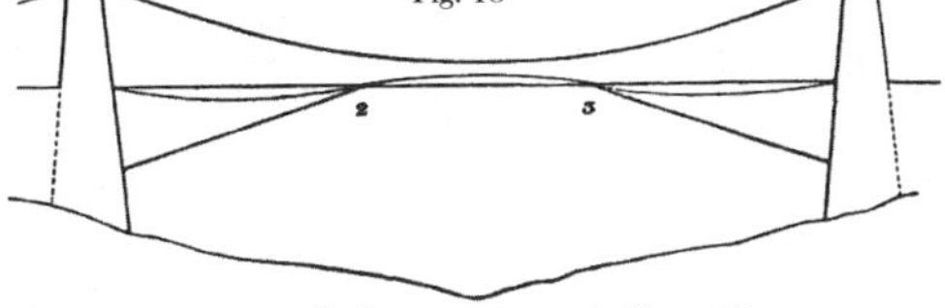

puente oscilaría como muestra la figura 10.
El señor Brunel ha propuesto un método para evitar la oscilación.

Vol. I I i

Ilustración 8.7. Página del artículo de John Scott Russell que ilustra la vibración de un puente colgante por efecto del viento y cómo los tirantes de cable metálico no resultan plenamente efectivos si se fijan a los nodos (Rusell, 1839).

Leyera o no Roebling el trabajo de Russell, el sistema que propuso para el puente del cañón del Niágara empleaba tirantes radiales de cable metálico para anclar su cubierta de dos pisos a la roca de las riberas (véase la ilustración 7.12). Tanto los tirantes como el grosor y la estructura reforzada del tablero pueden apreciarse en una fotografía contemporánea (véase la ilustración 8.8). El puente probó ser un éxito señero. En particular, el hecho de que su tablero se curvara sólo tres pulgadas y media (8,89 centímetros) al paso de la primera locomotora que lo cruzó (que pesaba veintitrés toneladas) constituyó un contraejemplo irrefutable de la hipótesis dominante en Gran Bretaña según la cual un puente colgante no podía soportar el paso de un tren ferroviario. Roebling había materializado con éxito insólito algo que otros ingenieros coincidían en juzgar imposible. Su principal ventaja con respecto a éstos no radicaba en disponer de una teoría más elaborada o haber efectuado unos cálculos más cuidadosos. Roebling tuvo éxito porque en la elaboración del diseño concentró su juicio en las distintas maneras en que su puente podía fallar. Logró que el tablero no se combase haciéndolo más rígido e impidió que el viento pudiera destruir la calzada haciéndola más pesada que la del puente de Menai y asegurándola desde debajo. Digámoslo una vez más, Roebling tuvo éxito porque hizo de la identificación y solución de los principales modos de fallo de su proyecto la parte principal de su trabajo de diseño. Sus respuestas no eran meras especulaciones sobre diseños puramente teóricos realizadas a posteriori de los sucesos, puesto que en sus

Ilustración 8.8. Fotografía contemporánea del puente colgante sobre el cañón del río Niágara en la que pueden apreciarse el tablero reforzado y los tirantes de anclaje.

propios escritos el mismo Roebling ofrece abundante evidencia de que fue a través del estudio de los fallos como alcanzó el éxito.

Una vez establecida la solidez de los principios incorporados en el puente del Niágara, Roebling (1855) escribió lo siguiente en un informe final que Steinman (1950) calificó como «un clásico de la literatura de la ingeniería»:

> Habiendo sido la opinión pública y profesional contraria a los puentes colgantes ferroviarios, surge ahora la siguiente pregunta: ¿Qué medios se han empleado en el puente del Niágara para hacer que responda a las necesidades del tráfico ferroviario? Los medios utilizados han sido *peso, vigas metálicas, celosías* y *tirantes.* Merced de ellos puede asegurarse cualquier grado de rigidez que se desee a fin de resistir ya sea la acción de los trenes, ya la violencia de las tormentas e incluso de los huracanes; y esto en cualquier localización, sin importar si existe o no la posibilidad de recurrir al anclaje desde abajo mediante tirantes. Y añadiré aquí la observación de que ningún puente colgante es seguro a menos que cuente con alguno de estos implementos. El catálogo de fallos desastrosos es ya lo bastante extenso como para prevenirnos contra las estructuras livianas, tendidas casi como desafiando a los elementos a derribarlas. Dispersas por nuestro país existen todavía cierto número de tales creaciones de la fantasía, a la espera sólo de la violenta ráfaga de viento que rubrique su demolición.

Roebling afirmaba a continuación que, usando cable de acero de la mejor calidad, sería posible construir puentes con vanos de casi una milla y «que ofrecieran el mismo grado de seguridad» que el puente del Niágara. Su propio puente de Brooklyn, finalizado póstumamente casi treinta años más tarde, salvaba un espacio de más de un cuarto de milla entre sus torres, y menos de un siglo después estructuras como el puente sobre el Humber, en el este de Inglaterra, terminado en 1981, contaban ya con un vano central de casi una milla. Con 4 626 pies (1 410 metros) entre sus torres, el puente sobre el Humber será el puente colgante con el mayor vano suspendido del mundo hasta que los japoneses completen en 1998 la construcción del puente de Akashi-Kayky, cuyo vano central medirá 6 529 pies (1 990 metros). En el tiempo que separa estos logros de su predecesor primigenio ocurrieron, por supuesto, desplomes como el del puente de Tacoma Narrows, en gran medida porque los diseñadores de esos puentes pasaron por alto u olvidaron la observación de Roebling de que ningún puente colgante podía ser seguro si no contaba con alguno de los «implementos» que él enumeraba y que había aprendido a incorporar a sus diseños a fin de prevenir los fallos que previamente había investigado en el «catálogo de desastres».

Encontramos más evidencia de la preocupación consciente con que Roebling abordaba los fracasos como directrices para el éxito a raíz de la destrucción del tablero principal, de 1010 pies (307,85 metros) de longitud, del puente colgante de Wheeling, diseñado por Charles Ellet Jr. En 1847, tanto Roebling como Ellet remitieron proyectos para la construcción de un puente a través del río Ohio a su paso por Wheeling. El diseño ligero y estrecho de 308 metros de longitud de Ellet ganó el concurso frente a la propuesta más conservadora de Roebling y cuando fue terminado, en 1849, se convirtió en el puente con el mayor vano del mundo. Cinco años después, en 1854, una terrible tormenta zarandeó salvajemente el tablero del puente de Wheeling hasta que toda la estructura se vino abajo.

Por entonces Roebling había obtenido el contrato del puente del Niágara y su construcción se hallaba ya avanzada cuando ocurrió el hundimiento del puente de Wheeling. Naturalmente, cundió la preocupación de que el mismo destino esperase al nuevo puente y Roebling le plantó cara directamente en una sección dedicada a los efectos de los vientos fuertes en su informe de 1855, poco después de que el puente fuera abierto oficialmente al tráfico:

> Es mi deber dejar bien sentada la seguridad del puente del Niágara, que se ha convertido ya, y en el breve lapso de un mes, en una de las vías de comunicación más concurridas de este continente. Pero no puedo llevar a cabo mi propósito sin realizar algunas comparaciones con otras obras, ni sin señalar los defectos que causaron la destrucción del puente de Wheeling, y, por otra parte, explicar los elementos de seguridad que han sido utilizados en el puente del Niágara.
> [N]o existía ninguna medida precautoria en toda la estructura [del puente de Wheeling], a excepción de la inherente [pero inadecuada] rigidez de su piso, que hubiera podido tener como efecto la contención de las vibraciones... La destrucción de ese puente se debió con claridad a su falta de estabilidad, no a una resistencia insuficiente. Esa falta de rigidez podría haber sido corregida mediante tirantes tendidos por encima o por debajo del tablero, celosías enrejadas o tirantes de cable. Si bien por estos medios no podría haberse logrado un alto grado de rigidez, de seguro habrían demostrado ser suficientes cuanto menos para limitar las oscilaciones y contenerlas dentro de límites seguros. En el puente del Niágara se han adoptado las máximas medidas de precaución para conferirle estabilidad.

Roebling establece claramente la solidez de su diseño mediante la comparación de sus características con las que encuentra deficientes en el puente destruido. Esta clase de enumeración de todas las medidas que se habían tomado para prevenir las potenciales modalidades de fallo es, de hecho, la única forma lógica (en contraste con la forma física) de «demostrar» que un diseño es seguro.

Todo argumento que defienda la seguridad de un diseño basándose exclusivamente en señalar aquellos factores que han funcionado satisfactoriamente en el pasado es lógicamente deficiente. Por ejemplo, hasta que lo destruyó la tormenta, el puente de Wheeling podría haber sido considerado como una estructura bien conseguida y podría haber sido ensalzado como un modelo para el diseño de otros puentes colgantes satisfactorios. Sin embargo, cualquier puente colgante que fuera una mera copia del puente de Wheeling, que incorporase las características que supuestamente fundamentaban su buen funcionamiento, no habría hecho en realidad sino repetir las debilidades y deficiencias latentes en su diseño. Carece de importancia que el puente de Wheeling se mantuviera en pie cinco años, pues durante esos cinco años simplemente nunca fue puesto a prueba como lo fue durante la tormenta de 1854. Antes de mayo de aquel año todas y cada una de las afirmaciones de Roebling sobre la inseguridad de ese puente habrían sido descalificadas por la simple observación de que la estructura seguía en pie; sus advertencias habrían sido atribuidas al resentimiento por haber perdido el concurso. Sólo tras el hundimiento del puente resultaron patentemente obvias las deficiencias de su diseño. Sólo su desplome opuso un contraejemplo irrebatible a la hipótesis putativa de que el diseño del puente de Wheeling era un éxito.

El éxito continuado de Roebling en el diseño de puentes colgantes puede atribuirse íntegramente no a que copiase repetidamente sus propios diseños seguros, pues sencillamente él nunca hacía tal cosa, sino a que su constante y explícita preocupación por evitar el fallo era el principio rector de sus tareas de diseño. En el informe que el uno de septiembre de 1867 remitió al presidente y a los directores de la New York Bridge Company, Roebling comienza su discusión de la factibilidad y la resistencia del puente que proponía para conectar Nueva York y Brooklyn describiendo la resistencia a la fractura de «una barra de buen hierro forjado». Después de demostrar que un cable metálico obtenido de esa barra podría sustentar, al límite de su tensión de fractura, un peso de 32 400 pies de longitud (9 875,52 metros) de sí mismo colgado verticalmente, aplica un factor de seguridad de tres y sostiene que un tercio de esa longitud (10 800 pies, 3 291,84 metros) «si se le preserva de la oxidación y no sufre otras alteraciones, sostendrá su propio peso por tiempo indefinido». Cuando se lo tiende «a través de un ancho espacio», el aumento de la tensión que experimenta el cable debe ser tenido en cuenta, naturalmente, como expone Roebling en su último informe, publicado póstumamente (1870):

> Los cables del puente sobre el East River tendrán una deflexión de 128 pies (39 metros), que es 1/12,5 del vano que salvan. La tensión producida a consecuencia de ello será aproximadamente 12/3 del peso del propio cable. Así pues, a fin de determinar la longitud del vano que puede intentar cubrirse con seguridad con una deflexión de 1/12,5 debemos reducir los 10 800 pies antes mencionados a 6 480 pies (1 975,10 metros). En otras palabras, un cable de hierro de la mejor calidad, suspendido sobre un espacio de unos seis mil pies (1 828,80 metros) y con una deflexión de 1/12,5, o 480 pies (146,30 metros) estará expuesto únicamente a un tercio de su tensión de fractura.
>
> A partir de estos sencillos hechos y consideraciones resulta evidente que el vano central del puente sobre el East River, que mide sólo 1 595 pies y 6 pulgadas (486,30 metros) desde el centro de una de las torres hasta el centro de la otra, está con mucho dentro de los límites seguros de un buen cable. Es factible hacer que un vano de 1 600 pies sea tan seguro y resistente, en proporción, como uno de sólo 100 pies.

El juicio de Roebling estaba claramente imbuido de una fuerte inclinación conservadora, que se basaba explícitamente en los conceptos de límites de fallo y márgenes de seguridad, lo cual no le impidió en absoluto proponer audaces diseños nuevos. John Roebling tenía la clara convicción de que diseñaba siempre para evitar que se produjeran fallos y su hijo, Washington, heredó esa actitud. Evidencia de ello puede apreciarse en muchos puntos del informe que éste redactó en 1877 sobre los progresos del puente de Brooklyn. Por ejemplo, al comentar el diseño de las planchas de anclaje, el ingeniero jefe explica por qué el peso de la mampostería situada sobre dichas planchas para contrarrestar la tracción hacia arriba de las cadenas tenía un factor de seguridad relativamente bajo de dos y medio:

> Esta cifra podría parecer pequeña comparada con la de los cables principales, cuyo margen de seguridad es de *seis,* si no fuera porque las circunstancias son completamente diferentes. En el caso de los cables tenemos que tomar precauciones frente a numerosas contingencias que no pueden suceder al anclaje. Por ejemplo, es necesario cierto margen en previsión de cualquier posible imperfección en la fabricación de los cables, así como de su deterioro a consecuencia de la acción de los elementos, y también frente a la posibilidad de cualquier incremento del peso o la tensión respecto de los contemplados inicialmente —lo cual suele ocurrir virtualmente siempre— y, finalmente, hay que añadir un cierto margen adicional para estar seguros de no tensar el cable más allá de su límite de elasticidad.

En el anclaje, en cambio, sólo tenemos que ocuparnos de dos factores: el granito y la gravedad. El primero, un material cuya existencia misma constituye un desafío a «la tenaz erosión del tiempo»; la segunda, la única ley inmutable de la naturaleza; por la cual, cuando sitúo cierta cantidad de peso muerto, en este caso, granito, sobre las planchas de anclaje, sé que permanecerá en su lugar a despecho de todas las contingencias.

Una reveladora fotografía, tomada poco después de que se levantaran las pasarelas que llevaban a las recién terminadas torres del puente de Brooklyn, aporta evidencia adicional de que los fallos preocupaban al hijo tanto como al padre. Estas pasarelas, necesarias para llevar a cabo las labores de tendido del cable, no dejaban de ser en sí mismas una especie de puentes colgantes. En primer término de la fotografía (ilustración 8.9), se ve un cartel que reza así:

> Segura sólo para 25 hombres al mismo tiempo.
> ¡No transiten por ellas en grupos,
> ni corran, troten, salten o anden al unísono!
>
> W. A. Roebling, Ingeniero Jefe.

Ilustración 8.9. El puente de Brooklyn en construcción, con el cartel de advertencia de Roebling en primer plano (New York Historical Society).

John Roebling murió en 1869, a consecuencia de las complicaciones derivadas de un accidente ocurrido durante la realización de las prospecciones preliminares para la construcción del puente de Brooklyn, pero la preocupación por la prevención de fallos y accidentes manifiesta en la señal de advertencia de su hijo constituye, un claro eco del buen juicio de su padre. Ambos ingenieros, padre e hijo, sabían que si la carga se concentraba en un punto ocasionaría una deflexión excesiva para una pasarela que no estaba reforzada y que correr, trotar o saltar podía hacer que la larga y ligera estructura vibrase de forma incontrolable, con el riesgo de que los hombres que estuvieran sobre ella fueran lanzados al vacío o que la propia pasarela saltase en pedazos. Todos los puentes colgantes de John Roebling testimonian hasta qué punto conocía éste el valor de una estructura de celosía para conferir rigidez a un tablero y la importancia de los tirantes para contener las vibraciones. Dado que no había ningún modo práctico de que las pasarelas pudieran contar con celosías de refuerzo, Washington Roebling las proveyó del siguiente mejor recurso a su alcance: una advertencia destinada a prevenir la acción de las fuerzas destructivas que pudiera controlar. (Cabía esperar que la fuerza incontrolable de vientos de gran intensidad destruyese las pasarelas, pero esa eventualidad se aceptaba por adelantado como una cuestión de mantenimiento). En realidad, éstos son los objetivos de todo diseño: evitar la acción de las fuerzas destructivas o dotar a una estructura, dentro de límites bien comprendidos, de suficiente resistencia frente a ellas. Obviamente, era imposible controlar la acción del viento sobre un puente real, pero el comportamiento de los hombres que trabajaban en la pasarela sí podía serlo. John Roebling comprendió la acción destructiva que la fuerza del viento podía ejercer sobre un puente construido a plena escala y fue porque juzgó que el efecto de esa fuerza sería el factor dominante en el éxito o fracaso de la estructura que pudo diseñar y efectivamente diseñó puentes que superaron con éxito la prueba, asegurándose de que sus diseños incorporaban los medios necesarios para evitar su fallo por efecto de la acción del viento o de otro tipo de cargas. El puente de Brooklyn (ilustración 8.10) pervive hasta hoy como un monumento al buen juicio en ingeniería.

Ilustración 8.10. El puente de Brooklyn, terminado en 1883.

Conclusión

Las historias de caso que tratan sobre fallos y sobre las estrategias para evitarlos ofrecen una inestimable fuente de información sobre el diseño, que por lo general solamente ha sido explotada de manera *ad hoc.* John Roebling, que supo usar las lecciones aprendidas a resultas de los fallos para asegurar el éxito de sus propios diseños, es un valioso modelo de cómo puede proceder racionalmente un diseñador. No todos los ingenieros tienen la buena fortuna de tener como mentor profesional a su propio padre, como fue el caso de Washington Roebling, pero sí está al alcance de todos nosotros adquirir cierto sentido de lo que es el buen juicio y el buen diseño estudiando la herencia que maestros como John Roebling nos han dejado. Cuando esos ingenieros fueron tan prolíficos y francos en la redacción de sus informes como en el diseño de sus estructuras, nos legaron un patrimonio en palabras tan perdurable como el granito de sus puentes.

Puesto que el diseño es un proceso que incluye la previsión y la prevención de fallos, cuanto mayor sea el conocimiento que acerca de esos fallos posean los diseñadores más fiables deberían ser sus diseños. Dado que se supone que las leyes de la naturaleza y la física son inmutables, las lecciones, cualesquiera que nos puedan enseñar el comportamiento y en especial el fallo de determinados diseños por antiguos que estos sean, no habrán de ser menos relevantes hoy de lo que lo fueron en sus días; asimismo, las buenas prácticas de diseño de los ingenieros de siglos pasados podrán servir como modelo incluso para los diseños más elaborados de la era moderna. Por el contrario, hacer caso omiso de las lecciones y prácticas del pasado pone en peligro la continuidad misma del juicio necesario para el ejercicio del diseño y de la ingeniería; de ese juicio que parece estar entre las defensas más seguras de que disponemos frente al riesgo de repetir antiguos fallos.

9
El clima de diseño del puente de Tacoma Narrows
Un paradigma del uso selectivo de la historia

Los prejuicios dominantes en el mundo del diseño durante los años veinte y treinta del siglo xx, cuando el George Washington, el Golden Gate, el Tacoma Narrows y otros grandes puentes colgantes estaban en la sala de delineación, expresaban confianza en las técnicas de análisis y preocupación estética. Casi medio siglo de experiencia de relativo éxito en la construcción de puentes colgantes como el de Brooklyn había llevado a los diseñadores a concentrarse en la extrapolación de los éxitos que formaban ese acervo de experiencia. Y esa concentración indujo un clima en el cual algunos diseñadores olvidaron o hicieron caso omiso de los principios básicos en los que originalmente se había basado el éxito de tales diseños. Esos principios se fundamentaban en criterios que valoraban explícitamente las modalidades de fallo inducidas por la acción del viento como factores determinantes de las decisiones relativas al diseño. La práctica de basar la extrapolación estructural en modelos de éxito, en lugar de hacerlo en la prevención de fallos, acabaría por dar como resultado puentes demasiado flexibles, como el de Bronx-Whitestone, sobre el East River, en la ciudad de Nueva York, finalizado en 1939, y culminaría en el desplome del puente de Tacoma Narrows en 1940.

Es quizás una verdad de perogrullo decir que el clima de diseño en que se concibe y desarrolla un proyecto de ingeniería puede influir profundamente en el hecho de que éste alcance el éxito o fracase, pero la significación de las interacciones entre los factores que conducen a que un diseño tenga un destino u otro pueden ser algunas veces tan sutiles que pasan inadvertidas incluso a los mejores diseñadores. El contexto en el que se diseñaban y construían los puentes colgantes en los Estados Unidos a finales de la década de los veinte y durante la de los treinta constituye un ejemplo clásico de este fenómeno.

La historia moderna de los puentes colgantes comienza a principios del siglo XIX y toma cuerpo en obras maestras tales como el puente colgante sobre el estrecho de Menai, de Thomas Telford (ilustración 7.4), terminado en 1825. A pesar de toda la belleza y el logro tecnológico que encarnaban los 580 pies (176,78 metros) del tramo suspendido de cadenas de hierro forjado de esta estructura, adolecía de un tablero en extremo flexible que tendía a balancearse peligrosamente cuando soplaban vientos fuertes. Como hemos visto, este inconveniente comportamiento del puente de Menai y otros puentes colgantes de la misma época dieron mala reputación a esta forma constructiva en Gran Bretaña, donde, cuando fue preciso construir grandes vanos para lograr que los trazados ferroviarios franqueasen espacios análogos al del estrecho de Menai, se idearon nuevas formas revolucionarias, como el puente tubular Britannia de Robert Stephenson.

En Norteamérica, un contemporáneo de Stephenson, John Roebleing, estuvo menos dispuesto a descartar el principio del puente colgante para soportar el paso de pesados convoyes ferroviarios. Como expusimos en el capítulo anterior, a mediados de la década de 1850 había diseñado y construido el puente colgante sobre la garganta del Niágara, cuyo vano suspendido de 820 pies (249,94 metros) no sólo demostró ser lo bastante rígido como para soportar el tráfico ferroviario sino también ser capaz de resistir vientos fuertes sin sufrir daños. A diferencia de Stephenson y otros ingenieros británicos, que tomaron las debilidades y fallos de los puentes colgantes como indicativos de que la forma era inadecuada para la función de puente ferroviario, Roebling estudió las insuficiencias y defectos de los puentes anteriores con el fin de descubrir qué debía evitar en sus propios diseños. Ni que decir tiene que sus puentes colgantes funcionaron a las mil maravillas, alcanzando su cénit en su obra maestra, el puente de Brooklyn, concluido en 1883.

El éxito de los puentes de Roebling animó a muchos otros ingenieros a proponer vanos suspendidos aún más largos, pero esos diseñadores parecen haber concentrado su atención en el éxito de diseños como los de Roebling, más que en el papel fundamental que el análisis proactivo de los fallos desempeñó en el pensamiento que creó esos diseños. En consecuencia, en el lapso de una o dos generaciones de destacados diseñadores de puentes, el clima de diseño cambió: un ambiente en el que quienquiera que proyectase un nuevo puente colgante debía abordar explícitamente la cuestión de cómo prevenir que acaeciera algún fallo dio paso a otro imbuido de tal confianza en sí mismo, de tal soberbia incluso, que los diseñadores, partiendo de los logros de Roebling y sus sucesores, continuaron en direcciones que, en ocasiones, casi parece que dedicaban más atención a la economía y la estética que al comportamiento de sus estructuras.

El proyecto del puente George Washington es el epítome del clima de diseño de la década de los años veinte, y posteriormente se alcanzarían aún mayores extremos en puentes colgantes como el de Bronx-Whitestone, el de Deer Isle o el Golden Gate, todos ellos finalizados a finales de la década de los años treinta. A los límites de la ignorancia se llegó, por descontado, con el puente de Tacoma Narrows, cuya pésima respuesta al viento y hundimiento final, sólo unos meses después de su apertura al tráfico en julio de 1940, constituye uno de los episodios más lamentables de toda la historia de la ingeniería.

Billington (1977) ha tratado este asunto con notable profundidad y su artículo ha suscitado una viva polémica en el *Journal of the Structural Division* de la American Society of Civil Engineers. En el debate han participado algunos de los más eminentes ingenieros de puentes de mediados del siglo XX, varios de los cuales trabajaron en su día con Othmar Ammann, el ingeniero que diseñó ese compendio del estado del arte de su tiempo que es el puente George Washington, y que se sintieron ofendidos por la crítica que Billington dirigió individualmente contra Ammann como ingeniero, en lugar de referirse al conjunto de la profesión de la época, pero en sus conclusiones Billington presentó argumentos convincentes tanto sobre el carácter prototípico de Ammann en particular como sobre el papel de la crítica estructural en general. E hizo asimismo una elocuente defensa de la importancia de la historia de la ingeniería en el desarrollo de los climas de diseño. Sus observaciones finales de que «las personalidades individuales desempeñan un papel significativo en la historia de las estructuras, por más que esos individuos se vean constreñidos en parte por el contexto en que trabajan» y que «la historia, para los ingenieros estructurales, posee la misma importancia que la ciencia» podrían servir perfectamente como epígrafes de este capítulo y, en realidad, de todo este libro. Animo al lector a acudir a Billington (1977) para profundizar en esta cuestión.

El clima de diseño en torno a un puente sobre el río Hudson

Othmar Ammann, ingeniero jefe de puentes de la Autoridad del Puerto de Nueva York, constructor, propietario y responsable del funcionamiento del puente George Washington, que atraviesa el río Hudson, describe él mismo con cierto detalle la concepción general y el desarrollo del diseño del puente en un artículo que apareció en las *Transactions of the American Society of Civil Engineers* de 1933. Ammann comienza con el relato de la historia, la legislación y la financiación de un proyecto que culminó en la construcción de un puente espectacular, con un vano suspendido de 3 500 pies (1 067 metros) de longitud, más del doble de lo que, en el medio siglo transcurrido desde los 486,30 metros del puente de Brooklyn (véase ilustración 3.3), habían alcanzado sus vecinos, el puente de Manhattan, acabado en 1909, cuyo vano medía 1 480 pies (451,10 metros), y el puente de Williamsburgh, terminado en 1903 con un vano suspendido récord de 1 600 pies (487,68 metros). Ammann se reveló como un maestro de este género y su descripción de los puentes colgantes en general y de la concepción y el desarrollo del puente George Washington en particular nos proporciona un retrato fidedigno del clima de diseño reinante en aquellos días.

Mientras que los informes de Roebling en las décadas centrales del siglo XIX se referían frecuentemente al balanceo y el hundimiento de famosos puentes colgantes, el informe de Ammann evita toda mención explícita de deficiencias, defectos, debilidades y fallos del diseño estructural de puentes de cualquier tipo. En lugar de explicar cómo prevenía el diseño del puente George Washington los fallos que en otro tiempo habían sido la pesadilla de ese tipo de puente colgante, Ammann subraya el éxito absoluto de proyectos anteriores y se apoya en ellos para justificar un diseño que iba mucho más allá de la experiencia existente.

Dado que la historia del proyecto de un puente que salvara el curso bajo del Hudson entre Nueva York y Nueva Jersey se había dilatado a lo largo de muchas generaciones, había naturalmente muchas propuestas que nunca se habían materializado. Ammann admite la existencia de esos «intentos infructuosos» desde el punto de vista político y financiero, pero en este artículo general no hace hincapié en que también existían objeciones y preocupaciones de naturaleza técnica, motivadas por los fallos de puentes ocurridos en el siglo XIX y a comienzos del siglo XX. Antes bien, Ammann insiste en el éxito de los diseños precedentes y en sus cualidades estéticas y atribuye el éxito del diseño del puente George Washington no sólo a sus colegas contemporáneos sino también a «aquellos pioneros que con su visión y coraje señalaron el camino y cuyas ideas y estudios prepararon el terreno para el logro final». Aunque no hay ninguna duda de que Ammann tiene que haber sido consciente del importante papel que los fallos, reales o imaginados, habían desempeñado en los esfuerzos pioneros que de tal modo ensalzaba, es evidente que en su informe prefirió poner el acento en lo positivo y limitarse a aludir a lo negativo.

Ammann refiere que ya en 1868 se emprendieron esfuerzos para tender un puente sobre el Hudson cerca de Nueva York y a comienzos de la década de los noventa del siglo XIX se propuso el proyecto de una estructura en ménsula con un vano central de unos 2 000 pies (609,60 metros). Esa ménsula habría sido 91,44 metros más larga que la mayor entonces existente, la de los dos vanos centrales del recién terminado puente del fiordo del Forth, pero el gran éxito de esa estructura hacía que los ingenieros sintieran una gran confianza en que pudieran construirse ménsulas aún más largas. De hecho, dado que la Secretaría de Guerra se oponía a cualquier clase de puente que precisara de pilares en las aguas abiertas del Hudson, algún tiempo después llegaría a proponerse una ménsula nada menos que de 3 000 pies (914,40 metros), lo que esencialmente habría significado duplicar la extensión que el estado del arte de la época había conseguido conferirle a un vano. Esto no parece haber preocupado a las diversas comisiones de ingenieros que evaluaron los diseños propuestos tanto como las dificultades de cimentar los pilares en el río y el tremendo coste económico de esa enorme ménsula. Solamente el hundimiento del puente de Quebec durante su construcción en 1907 condenó al olvido de una vez y para siempre todas las propuestas semejantes de puentes en ménsula.

Desde muy pronto y durante todo ese tiempo se debatió la opción de un puente colgante como alternativa al puente en ménsula; y los precedentes del puente de Brooklyn y sus vecinos aportaron inspiración a los proponentes. No obstante, incluso teniendo en cuenta esos ejemplos, la reputación histórica de los puentes colgantes exigía que se los considerase con cierta cautela. Uno de los primeros informes, que se inclinaba a favor del diseño en ménsula, ejemplifica esa actitud:

> Un puente colgante que atravesase el río [Hudson] Norte sin pilares intermedios incluiría elementos de incertidumbre tales como los referidos, en primer lugar a su coste y a la novedad de su magnitud, lo que constituiría una hazaña ingenieril nunca intentada hasta el momento, y al tiempo que requeriría su construcción, por no hablar del bien fundado

prejuicio contra el principio de «suspensión» cuando se trata de propósitos ferroviarios, todo lo cual haría la empresa impracticable desde el punto de vista financiero.

Es Ammann (1933) quien cita este pasaje, pero no añade ningún comentario directo sobre él ni sobre su enumeración de los motivos de reserva en relación con los puentes colgantes. En lugar de eso, a renglón seguido procede a citar aun más por extenso sendos informes de una comisión de ingenieros designada por la Secretaría de Guerra y de otra posteriormente constituida por el presidente de los Estados Unidos. Ambas recibieron el encargo de investigar cuál sería la extensión del mayor vano, cualquiera que fuese su diseño, cuya construcción a través del río pudiera resultar practicable y segura.

El papel de la economía y la estética

Ambas avalaron la aptitud del principio de suspensión para salvar una distancia del orden de novecientos metros sustentando nada menos que seis vías ferroviarias, de modo que la Secretaría de Guerra descartó el puente en ménsula y allanó así el camino para la decisión a favor de un puente colgante. Ya en 1887 el ingeniero de puentes Gustav Lindenthal había propuesto la construcción de un puente colgante en el bajo Manhattan y a lo largo de los siguientes cuarenta años se propuso una multitud de diseños diferentes para cruzar el Hudson por distintos lugares. Además de los diseños colgantes y en ménsula se propusieron un puente de arco que para salvar los más de novecientos metros de anchura del río se elevaría hasta casi ciento ochenta y tres metros sobre él, un puente que combinaba arco-elementos colgantes, y numerosas variaciones de puentes puramente colgantes con tableros reforzados de forma masiva, como muestra la ilustración 9.1.

En su artículo de 1933, Ammann analiza los muchos factores que se tuvieron en cuenta en la elección del tipo de puente y su localización, incluyendo los patrones y el volumen del tráfico, las características topográficas de la región y los factores geológicos. La importancia de estos últimos para la determinación del lugar donde se situarían los pilares era tal que para Ammann «establecer el tipo y la configuración general del vano de la estructura principal resultó una tarea comparativamente sencilla». No obstante, incluso después de que en la década de los años veinte se decidiera definitivamente que se construiría un puente colgante en la calle 179, en el alto Manhattan, siguió habiendo ocasión para amplios debates en torno a la cuestión de su diseño concreto. Evidentemente, la posición de los pilares determinaba la longitud del vano principal del puente y Ammann defendió, como la opción más económica, que estuvieran separados por una distancia de 3 500 pies (1 067 metros). En contra del saber convencional de su época, según el cual la longitud del vano era el «factor predominante en la economía de un gran puente», Ammann adujo que emplazar sus pilares cauce adentro, en aguas profundas, para acortar el vano propuesto, era una operación acompañada de considerables dificultades e incertidumbres.

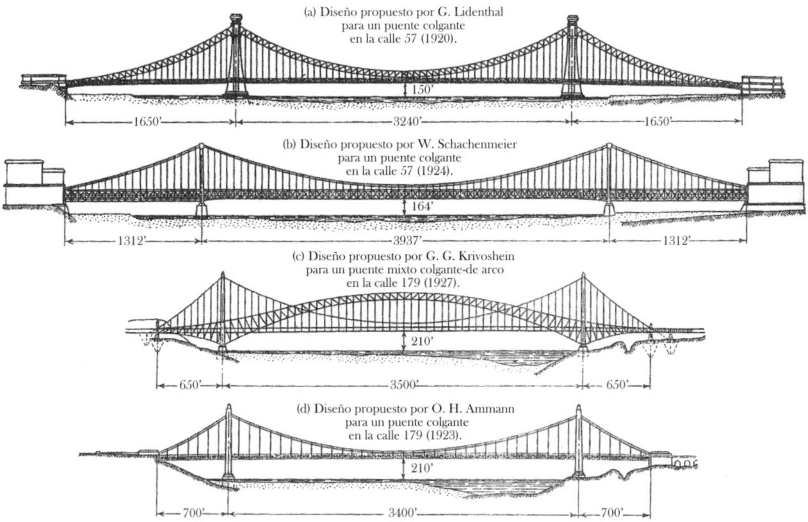

Ilustración 9.1. Una selección de propuestas para tender un puente a través del río Hudson (Ammann, 1933, con autorización de la American Society of Civil Engineers).

Ammann reconoce en su informe que la «longitud sin precedentes del vano central… que es exactamente el doble del vano colgante más largo que hoy existe» suscitaba dudas acerca de su factibilidad entre las personas legas en la materia. En cambio, él apela a la autoridad de «los ingenieros familiarizados con el diseño y la construcción de grandes puentes» y asevera inequívocamente que «la longitud del vano y el tamaño del puente no tienen relación alguna con su seguridad, ni durante su erección ni después de su terminación». Y continúa así:

> El límite factible de un vano se alcanza cuando la cantidad de metal que se necesita para sostener una carga dada llega a resultar excesivamente costosa, no porque su seguridad se vea disminuida. El límite físico de un vano se alcanza cuando la cantidad de metal que lo forma no puede soportar de forma segura más carga que su propio peso. Ese límite puede calcularse matemáticamente para cualquier material dado de una determinada resistencia y para cualesquiera condiciones de carga.

Esos cálculos, sobre los cuales Ammann nos informa que se realizaron bajo «supuestos conservadores», llevaron a una comisión de ingenieros reunida en 1894 a la conclusión de que 4 335 pies (1 321,31 metros) era la longitud «del máximo vano práctico desde el punto de vista de la ingeniería». En las tres décadas siguientes «las opiniones aceptadas acerca de las proporciones requeridas para las celosías de refuerzo de tableros extensos» habían llevado al empleo de celosías mucho más livianas de las que los ingenieros victorianos habrían creído necesarias; además, el cable de acero de alta resistencia era capaz de sustentar una carga un cincuenta por ciento mayor, manteniendo al mismo tiempo un factor de seguridad de dos y medio aproximadamente. Estos cambios evolutivos en el análisis y los materiales permitieron a Ammann concluir que «podría demostrarse fácilmente que es posible construir un puente moderno con un vano de 10 000 pies (3 048 metros) y dotado de una seguridad perfecta».

Habiendo establecido así que la longitud del máximo vano posible para un puente colgante era el triple de la que se proponía para el que cruzaría el río Hudson, los diversos diseños híbridos podían descartarse fundándose en otros criterios. En términos que se adelantan al «nuevo arte de la ingeniería estructural» de David Billington (1983), Ammann deja patente su opinión sobre semejantes diseños impuros:

> Cualesquiera que puedan ser las pretensiones de mérito científico y económico de tales tipos híbridos (y que resulta muy dudoso, a juicio del que esto escribe, que puedan estar justificadas, debido a la falta de sencillez estructural y de claridad funcional de esos incongruentes sistemas), en ningún caso pueden satisfacer unos mínimos principios estéticos.

Pero ni que decir tiene que el diseño de un puente colgante no es un proceso automático y los detalles de su forma no se derivan simplemente de su función. El diseñador humano ha de tomar decisiones globales que configuren el escenario en cuyo marco podrá procederse luego a realizar los cálculos locales. Bajo el encabezamiento de «concepción de diversos tipos de sistemas de suspensión», Ammann presenta el problema como sigue:

> Así pues, si bien el tipo de puente y la configuración de su vano se impusieron lógicamente al diseñador, éste hubo de enfrentarse aún a las cuestiones, más complejas y controvertidas, relativas a la selección de la forma apropiada y a las proporciones del sistema de suspensión...
> En el caso del puente George Washington, los criterios que controlaron la selección del sistema y sus proporciones fueron la sencillez estructural, la máxima economía congruente con el grado requerido de rigidez, las condiciones competitivas y la concepción estética.

El primer criterio condujo a un sistema formado por «un simple cable con una línea paralela de celosías que dieran rigidez al tablero» como «incuestionablemente el más sencillo en sus detalles estructurales». Quedaba por concretar la naturaleza de la celosía de refuerzo. Ammann desecha los pesados diseños ejemplificados en la ilustración 9.1 por no hallarse «en conformidad con la concepción que el autor tiene de lo que es una estructura elegante» y desarrolla la cuestión como sigue:

> Además, de acuerdo con opiniones más recientes, no es necesario que un vano extenso y pesado deba incorporar celosías altas y rígidas, y así es particularmente cuando los vanos laterales son relativamente cortos y el peso muerto relativamente grande, como en el caso del puente George Washington.
> Exhaustivas investigaciones sobre la rigidez relativa de estructuras similares y su comportamiento en condiciones reales, unidas al cálculo del grado de rigidez que se conseguiría con el sistema seleccionado, condujeron al autor de estas líneas a decidirse finalmente por una celosía muy baja y flexible, lo cual no sólo redundó en un importantísimo ahorro económico, sino que tuvo también por efecto conferir al puente una apariencia ligera y elegante.

Ammann admite sin ambages que el diseño general de su puente está «influido por sus concepciones personales de lo que constituye el buen gusto» y explicita su preferencia por los puentes del tipo diseñado un siglo atrás para cruzar el estrecho de Menai. En lo que comienza como un pasaje inusitadamente personal dentro de un informe que generalmente suena objetivo, Ammann revela, bien que hablando en tercera persona, la evolución de su propio modelo estético:

> Siempre ha sido un admirador de los primeros puentes colgantes ingleses, con su sencilla apariencia general, su catenaria plana, su ligera y grá-

> cil estructura colgante y sus torres simplemente enormes y, por ende, monumentales.
> La causa de las desviaciones del empleo de simples cables sin reforzar se debió a los esfuerzos encaminados a conferir mayor rigidez al sistema, objetivo que se ha conseguido mediante diversos recursos, más o menos eficientes, como los tirantes diagonales…
> Es significativo, empero, que tras casi un siglo de esfuerzos por idear e introducir formas novedosas de sistemas de suspensión, o híbridos del tipo colgante y otros tipos, los ingenieros hayan vuelto o se hayan adscrito, en el diseño de los puentes colgantes modernos más extensos, a las formas simples, naturalmente elegantes, que caracterizan a los primeros puentes de este tipo.

Las alusiones de Ammann a puentes históricos son sorprendentemente impersonales: no cita a Thomas Telford, que diseñó el puente sobre el estrecho de Menai, ni a John Roebling, que introdujo los tirantes diagonales. Mayor importancia tiene que Ammann no mencione los problemas que esos primeros puentes ingleses que tanto admiraba sufrieron a causa del viento, ni tampoco que éste destruyó una y otra vez sus livianas y gráciles calzadas. Por contraste, como hemos visto, cuando Roebling hablaba de esos primeros puentes se centraba en sus debilidades y deficiencias; Roebling ideó los tirantes diagonales, entre otros dispositivos estructurales, para dar estabilidad a sus puentes frente a la fuerza destructiva del viento. Al minimizar la importancia de que la raíz de los cambios evolutivos que se habían producido en el diseño de los puentes colgantes a lo largo del siglo XIX fueran los fallos, Ammann ofrecía inadvertidamente un modelo para los diseñadores del siglo XX que suprimieron, en lugar de destacarlos, los problemas reales a los que se enfrentarían al ir más allá del entorno de la experiencia acumulada.

A continuación Ammann discute con mayor detalle la cuestión de las celosías empleadas para dar rigidez al tablero del puente George Washington y de los refuerzos frente al viento, y reconoce que, cuando inició sus estudios, la «viabilidad de un sistema casi flexible en el caso del puente terminado… no era obvia». Critica el anterior estado del arte, que había consagrado el empleo de sistemas de refuerzo rígidos y que analizaba los puentes desde «la teoría elástica, sin tomar en consideración la longitud del vano, el peso muerto del puente o el carácter del tráfico». Podía conseguirse, en cambio, un diseño más económico cuando se empleaba «la teoría correcta, la llamada teoría de la deflexión», que tenía en cuenta el efecto de rigidez aportado por el peso muerto de los cables flexibles y de la propia calzada. En apoyo de esta teoría y de su uso en el diseño, Ammann apela a la aplicación con éxito de una teoría modificada de la deflexión por parte de Leon Moisseiff, que la había empleado en el diseño de los puentes colgantes de Manhattan y del río Delaware y que, andando el tiempo, diseñaría el puente de Tacoma Narrows.

El ancho tablero del puente George Washington, incluso en la forma inicial en que fue construido, con una sola calzada por la que no circulaba tráfico ferroviario, demostró ser suficientemente rígido. La carga del viento se contrarrestó incorporando un entramado horizontal de celosías, que también fue diseñado para resultar relativamente ligero porque se confiaba en que los pesados cables de suspensión contuvieran el desplazamiento lateral del puente. Ammann defendió que el puente habría sido perfectamente seguro incluso sin la celosía de refuerzo contra el viento; no obstante, consignó que ésta se incorporó al diseño principalmente en previsión de «efectos extraordinarios del viento», sin mayor especificación. Un informe más detallado sobre la superestructura del puente George Washington, elaborado por tres ingenieros especialistas en diseño (Dana, Andersen y Rapp, 1933), prestó igualmente escasa atención a la carga del viento, a la que dedica un único párrafo en un documento de sesenta páginas.

El peso muerto del tablero del puente y de sus cables de sustentación fue calculado para impedir que experimentara alguna deflexión hacia los lados por efecto del viento, pero eran las torres las que debían contrarrestar la presión del viento a lo largo de los 1067 metros del vano. El diseño estructural de las torres era una cosa, sin embargo, y su diseño estético, otra, y el artículo de 1933 de Ammann dedica más espacio y atención al segundo. Una vez más, admite que la decisión sobre la forma exacta que finalmente tendrían las torres fue en gran medida una cuestión de gusto:

> Es fútil teorizar sobre el asunto —es en gran medida una cuestión de concepción estética, algo que es muy intensamente individual y mudable— y tampoco se puede resolver a partir de principios generales sin tener en cuenta la economía local o el paisaje. Además, el tratamiento estético de un puente, como el de cualquier otra estructura de ingeniería, no siempre se puede solucionar satisfactoriamente ni siquiera mediante la aplicación correcta y honrada de principios de ingeniería.

Al discutir si las torres de acero debían estar revestidas de «un tratamiento arquitectónico» en piedra, Ammann aparentemente olvida el principio de «claridad de función» en que se apoyó para desechar los diseños de puentes híbridos y afirma que «no se siente afectado por la crítica, fundada exclusivamente en bases teóricas y utilitarias, de que el revestimiento constituiría un camuflaje que ocultaría la verdadera estructura y su función». Aunque la economía pudo haber influido posteriormente en la decisión de dejar el armazón de acero de las torres al descubierto (véase la ilustración 9.2), queda claro que para Ammann la apariencia superficial de su puente tenía al menos tanta importancia como su integridad estructural; y una repetida vindicación de la estética y las preferencias personales en el diseño sazona intensamente todo su informe. Parecen existir pocas dudas de que la elocuente defensa que Ammann realizó de la prerrogativa estética del diseñador fue suscrita por sus contemporáneos, como atestigua la elegante y leve apariencia de los puentes colgantes construidos a lo largo de la década de los años treinta en los Estados Unidos.

Así pues, fue en este clima de diseño, en el que las cuestiones de economía y silueta competían con las de rigidez y factores de seguridad, que empezaron a concebirse y erigirse puentes colgantes aún más largos, delgados y ligeros. Esto no quiere decir que se descuidase el análisis de la ingeniería estructural, pues la preocupación por emplear teorías más «correctas» pone de manifiesto que no fue así, y el puente George Washington de Ammann continúa siendo hoy en día un modelo de in-

Ilustración 9.2. El puente George Washington con un tablero de un solo piso, tal como se abrió al tráfico originalmente, en 1931 (The Port Authority of New York and New Jersey).

geniería de puentes. Sin embargo, el recurso a la historia principalmente en busca de modelos estéticos, unido a la soberbia de la sofisticación analítica, de la que los pioneros a todas luces estaban libres, parece haber llevado a los diseñadores de puentes a olvidar o a desechar como irrelevante el comportamiento y el fallo, en condiciones de fuertes vientos, de los primeros puentes colgantes. El análisis estático de los efectos del viento, racionalizado con observaciones relativas a la «inercia del enorme peso muerto, capaz de resistir repentinas ráfagas de viento», se efectuó en un clima de diseño omnímodo que veía los primeros puentes colgantes modernos como estructuras ligeras y bonitas dignas de ser imitadas. Sus defectos y sus fallos parecen haber sido eficazmente olvidados.

El puente de Tacoma Narrows

Burt Farquharson, profesor de ingeniería civil en el campus de la Universidad de Washington en Seattle, estudiaba un modelo del puente de Tacoma Narrows y al mismo tiempo observaba a través del estrecho el comportamiento del puente real en los meses que transcurrieron entre su terminación y su hundimiento en 1940 (véanse las ilustraciones 9.3 y 9.4). Más adelante Farquharson escribió una serie de informes (1949) que comenzaba con una breve pero amplia semblanza histórica del comportamiento dinámico de los puentes colgantes. En el curso de ese repaso menciona que el fallo del puente de Tacoma Narrows «causó un verdadero *shock* entre la profesión. Para la mayoría de los ingenieros contemporáneos constituyó una sorpresa el descubrimiento de que el fallo de un puente colgante por acción del viento no era un hecho sin precedentes». Esta observación refuerza nuestra interpretación del clima de diseño, que Ammann (1933) ejemplifica, como un ambiente en el que se hacía hincapié en los precedentes de éxito más que en los fallidos y en el que los sucesivos avances en el análisis enaltecían la importancia del análisis por sí mismo en lugar de incitar a enfocarlo hacia el análisis de las modalidades de fallo que los primeros puentes colgantes habían puesto de manifiesto.

Farquharson constata que en las siete décadas que separan 1818 de 1889 el viento destruyó o dañó gravemente diez puentes colgantes. El cuadro 9.1, tomado de Farquharson (1949), resume este registro histórico e incluye el puente de Tacoma Narrows a efectos de comparación. Roebling (1841) se ocupó de muchos de los fallos ocurridos antes de 1840 en el artículo en el que describe aquello que él, en tanto que diseñador de puentes, necesitaba saber para diseñar un puente que no fallase (véase el capítulo 8). En el puente colgante del cañón del Niágara, acabado en 1855, Roebling no sólo se basó en la experiencia de quienes le habían precedido sino que, además, construyó el primer puente colgante por el que transitó tráfico ferroviario, presentando así un contraejemplo a la opinión consagrada del diseño contemporáneo, que creía que el puente colgante no era apto para soportar cargas tan concentradas y de tal magnitud. Sin embargo, el modelo de buena práctica que constituía Roebling, fundado en la conciencia, el análisis y la prevención de las posibilidades de fallo y en la lógica de diseño inherente al enfoque basado en los fallos, dejó de ser destacado, si es que no fue completamente olvidado o menospreciado, por las generaciones de ingenieros que le sucedieron.

Ilustración 9.3. El puente de Tacoma Narrows en el modo de oscilación torsional que resultó fatal, 1940 (Universidad de Washington).

Ilustración 9.4. El hundimiento del puente de Tacoma Narrows, 1940 (Universidad de Washington).

Según Farquharson, en las cinco décadas que separan la caída del puente de Niágara-Clifton en 1889 de la del puente de Tacoma Narrows, «la construcción de puentes colgantes con vanos de longitud y capacidad de carga crecientes avanzó constantemente». Además, dado que el objetivo del diseño pasó a ser el tráfico rodado, en lugar del ferroviario, se produjo «una eliminación de los rigurosos requisitos de control de las variaciones del grado de inclinación del tablero», que derivó en el empleo de «estructuras para aportar rigidez mucho más ligeras». Sin embargo, al concentrarse en la rigidez que debía tener la calzada bajo la carga del tráfico los diseñadores empezaron a descuidar la función de la rigidez para evitar las oscilaciones del puente por efecto del viento, un objetivo de diseño basado en la experiencia del fallo al que Roebling prestaba la misma atención que a la rigidez requerida por las cargas ejercidas por el movimiento del tráfico.

Tabla 9.1. Puentes gravemente dañados o destruidos por el viento

Puente (localización)	*Diseñador*	*Vano (pies)*	*Fecha del fallo*
Dryburgh Abbey (Escocia)	John y William Smith	260	1818
Union (Inglaterra)	Samuel Brown	449	1821
Nassau (Alemania)	Lossen y Wolf	245	1834
Brighton Chain Pier (Inglaterra)	Samuel Brown	255	1836
Montrose (Escocia)	Samuel Brown	432	1838
Estrecho de Menai (Gales)	Thomas Telford	580	1839
Roche-Bernard (Francia)	Le Blanc	641	1852
Wheeling (Estados Unidos)	Charles Ellet, Jr.	1 010	1854
Niágara-Lewiston (Canadá-Estados Unidos)	Edward Serrell	1 041	1864
Niágara-Clifton (Canadá-Estados Unidos)	Samuel Keefer	1 260	1889
Tacoma Narrows (Estados Unidos)	Leon Moisseiff	2 800	1940

Fuente: Farquharson (1949)

Tabla 9.2. Puentes colgantes modernos que se balanceaban a causa del viento

Puente (localización)	*Año de construcción*	*Vano (pies)*	*Tipo de refuerzo*
Fykesesund (Noruega)	1937	750	Vigas laminadas en doble T
Golden Gate (Estados Unidos)	1937	4 200	Celosía
Thousand Islands (Canadá-Estados Unidos)	1938	800	Vigas de alma llena
Deer Isle (Estados Unidos)	1939	1 080	Vigas de alma llena
Bronx-Whitestone (Estados Unidos)	1939	2 300	Vigas de alma llena
Tacoma Narrows (Estados Unidos)	1940	2 800	Vigas de alma llena

Fuente: Farquharson (1949)

Sin embargo, en los días en que se diseñaron los puentes George Washington y Tacoma Narrows el efecto del viento sólo se tenía en cuenta seriamente en cuanto a su efecto sobre la deflexión lateral de la calzada (*cf.* Ammann, 1933; Dana, Andersen y Rapp, 1933). Según Farquharson, incluso años después de la caída del puente de Tacoma Narrows era «práctica corriente... considerar una estructura como adecuadamente preparada para resistir el empuje de cualquier viento con la sola condición de que hubiera sido diseñada para resistir una presión del viento estática de treinta libras por pie cuadrado del área expuesta o, en el caso de un puente, una vez y media el área vista en alzado». Y en una nota a pie de página observa que este requisito es «el descendiente directo de la exigencia de cincuenta y seis libras que surgió del hundimiento del puente sobre el fiordo de Tay [que el viento arrancó de sus pilares] en 1880 *[sic.,* en realidad en 1879]»; una observación razonable dada la propensión de la comunidad profesional del diseño a rebajar los requisitos de rendimiento y los factores de seguridad cuando el análisis progresa en ausencia de fallos, como sucedió en la construcción de puentes durante los sesenta años transcurridos entre el desastre del puente del Tay y el hundimiento del puente de Tacoma Narrows. La ausencia de fallos de una modalidad concreta (en este caso, inducidos por el viento) tiende a hacer que los diseñadores olviden los principios básicos del diseño específicamente orientados a prevenir esa modalidad de fallo. No obstante, como Farquharson señala correctamente:

> El feliz funcionamiento de estas estructuras en relación con el viento no debería atribuirse demasiado a la ligera a sus características de peso o rigidez, dada la escasa información detallada que existe en lo tocante a los vientos a que han estado expuestos... Que en el caso de la mayoría de estos puentes *no* se hayan registrado movimientos significativos posiblemente se debe al hecho de que nunca se han visto sometidos a vientos extremos durante un periodo de tiempo suficiente.

Ciertamente, trabajar desde el supuesto imaginario de unas cargas inconcebibles no constituye la práctica de diseño más recomendable para un ingeniero, pero el punto señalado por Farquharson expresa una regla esencial de la *lógica* del diseño: la ausencia de fallo no prueba la impecabilidad del diseño, ya que podrían existir condiciones no experimentadas aún que pudieran desencadenar alguna modalidad latente de fallo. Empero, tomar el éxito repetido como confirmación de que todo se está haciendo correctamente parece ser un rasgo intrínseco a la naturaleza humana. En un clima de diseño semejante, cada éxito sucesivo refuerza esta convicción y aleja al estado del arte de considerar los criterios fundamentales de fallo como los verdaderos principios en los que se debe basar el diseño.

La ausencia de fallos espectaculares no sólo puede hacer que unos diseñadores demasiado satisfechos de sí mismos se vuelvan asimismo demasiado confiados con respecto al género de obra del que se sienten tan justificadamente orgullosos; un clima de éxito puede derivar en que los diseñadores reaccionen con menos presteza a los signos de advertencia que indican que algo va mal. Es evidente que ni siquiera Farquharson, que durante tres meses se había dedicado a observar personalmente no sólo el propio puente de Tacoma Narrows sino también su modelo, esperaba que el puente fallara catastróficamente de la forma en que lo hizo. Como él mismo señala, y el cuadro 9.2 resume, ya antes de la terminación del puente de Tacoma Narrows se había observado que otros puentes, construidos según el mismo estado del arte, oscilaban por acción del viento. Si bien ninguno de los movimientos observados en esos puentes antes de 1940 fue juzgado «muy significativo», tras la caída del puente de Tacoma Narrows el estudio de esos movimientos devino mucho más intenso y minucioso. En lugar de circular como meros rumores, «ciertas circunstancias que rodeaban a algunos de los puentes más recientes fueron descritas y discutidas con más amplitud». El puente de Bronx-Whitestone, que tras su finalización en 1939 había evidenciado cierta flexibilidad (véase la ilustración 9.5), fue reforzado posteriormente con una molesta celosía (véase la ilustración 9.6) que obstaculiza la contemplación de lo que antes había sido una excelente vista del perfil del horizonte de Manhattan.

Además, el hundimiento del puente de Tacoma Narrows rescató el vasto registro histórico de las páginas de los libros de historia de la ingeniería y la tecnología —que por lo general se creía que tenían casi como únicos autores y lectores a ingenieros retirados de uno u otro tipo— y lo llevó a las páginas de *Engineering News-Record* y de otras publicaciones de amplia difusión entre los ingenieros (véase, por ejemplo, Finch, 1941). Las similitudes entre la caída del puente de Tacoma Narrows y las de sus homólogos un siglo más antiguos, como el puente colgante del estrecho de Menai y el muelle suspendido de cadenas de Brighton, eran innegables (véase la ilustración 8.4). El estado del arte había progresado espectacularmente desde entonces —los vanos de los puentes habían crecido casi un orden de magnitud (véase la ilustración 3.3)—, cierto, pero incluso los puentes más recientes de nuestros días deben diseñarse de manera que eviten que se puedan producir las mismas modalidades de fallo que el diseño de los puentes más antiguos. Cuando el clima de diseño llega a ser tal que

Ilustración 9.5. Aspecto del puente de Bronx-Whitestone tras su finalización en 1939 (Triborough Bridge and Tunnel Authority).

Ilustración 9.6. El puente de Bronx-Whitestone tras su modificación en 1946, en la que se emplearon las vigas en plancha de refuerzo originales como línea base de una antiestética celosía de refuerzo (cortesía de la Triborough Bridge and Tunnel Authority).

se pierde de vista este principio elemental, como parece haber sucedido en la construcción de puentes colgantes en la primera mitad del siglo XX, los géneros de mayor éxito parecen casi condenados a evolucionar (o a experimentar una regresión) hacia el suceso de algún fallo colosal.

Conclusión

Aunque las circunstancias y los detalles del clima de diseño prevaleciente en los días en que se planeó y construyó el puente de Tacoma Narrows puedan ser exclusivos de los puentes colgantes, la historia de ese puente evidencia la miopía que puede surgir a consecuencia de un éxito extraordinario y prolongado, y que es endémica del propio proceso de diseño. Las historias de los puentes de Dee, Tay y Quebec, por ejemplo, siguen, *mutatis mutandis,* guiones muy similares, como puede verse con claridad en los amplios estudios de Sibly (1977; *cf.* Sibly y Walker, 1977; Petroski, 1993), que debatiremos en el capítulo 10.

La preocupación por la estética y los que en general podría juzgarse como criterios de diseño blandos no tienen por qué prevalecer a expensas de criterios duros como la resistencia y la estabilidad. Son incontables los ejemplos de diseños estructurales extremadamente novedosos, audaces y exitosos que son además grandes logros estéticos. Existen diferencias de opinión acerca de la honradez estructural, la economía y otras características de puentes como el Britannia, el de Brooklyn o el del fiordo del Forth, pero todos ellos constituyen éxitos incuestionables en el ámbito del diseño estructural y son igualmente dignos de ser admirados también, cuanto menos por sus defensores, en razón de sus cualidades estéticas.

Ni del boceto conceptual de un ingeniero ni del modelo de un arquitecto, no importa el atractivo visual que posean, se siguen de manera sencilla y directa estructuras que operen con éxito. La forma más segura de conseguir un acierto estructural es formular las preguntas correctas en lo que se refiere a la rigidez, la resistencia, la estabilidad, etcétera, con independencia de si se piensa que el artefacto en cuestión es bello o feo. Obviamente, las consideraciones estéticas no garantizan por sí solas que un puente sea seguro, del mismo modo que ningún análisis de ingeniería estructural, por meticuloso que sea, puede asegurar que su resultado resulte estéticamente atractivo. Las consideraciones estructurales y estéticas son simplemente diferentes, aunque no necesariamente siempre aspectos indiferentes o incompatibles de un mismo proceso de diseño. Sin embargo, sin un análisis estructural riguroso, correcto y completo, incluso los puentes más hermosos pueden llegar a encontrarse en peligro.

No importa cuando haya sido diseñado y construido; un puente (o cualquier otra estructura o máquina) debe obedecer las leyes de la naturaleza y resistir las fuerzas de ésta. Dado que las leyes de la naturaleza son fundamentalmente inmutables y que los climas y medios naturales cambian gradualmente, si es que lo hacen, todo puente que se construya hoy está potencialmente sujeto a las mismas modalidades de fallo que cualquier otro puente construido en el pasado. Los puentes cuya definición estructural ha sido un éxito no revelan de forma inmediata en sus mismas líneas estéticas ni en sus especificaciones técnicas distintivas los secretos de su éxito; de ahí el riesgo que corre cualquier diseñador que extrapole solamente a partir de estos casos.

La información más significativa que las historias de caso de proyectos de éxito contienen acerca del diseño es ésta: qué modalidades de fallo previeron, qué criterios de fallo emplearon y qué estrategias de prevención de fallos incorporaron. En el siglo XIX hubo diseñadores como John Roebling que a menudo eran bastante explícitos con respecto a dichos aspectos del fallo, y puentes colgantes estructuralmente tan audaces como el puente del cañón del Niágara o el de Brooklyn atestiguan el valor que para el diseño tiene el análisis proactivo de fallos. El desconocimiento, la postergación o el descuido ostensibles de este principio basado-en-el-fallo que, medio siglo después de Roebling, ejemplifica la patente preocupación de los diseñadores por criterios tales como la estética y la economía, creó un clima de diseño que culminó en el hundimiento del puente de Tacoma Narrows.

Cuando el clima de diseño predominante presta atención a las historias de caso únicamente para justificar extrapolaciones que den lugar a estructuras más grandes y ligeras, puede decirse que se está practicando una forma de ingeniería normal. No obstante, cuando esa ingeniería normal y corriente se usa para diseñar y construir estructuras de una escala extraordinaria y anormalmente grande, las lecciones de lo anormal y lo extraordinario —encarnadas en las historias de casos de fallos y en el modo de utilizarlas— son mucho más relevantes. Los más grandes ingenieros del pasado parecen haberlo comprendido intuitivamente y haber sabido aplicarlas en el diseño y la construcción de sus estructuras, verdaderamente revolucionarias. Es responsabilidad de los diseñadores modernos, al mirar hacia atrás, no sólo buscar precedentes de éxito, sino dedicar también su atención a las equivocaciones del pasado, y a las respuestas que se les dieron.

10
Fallos de puentes que hicieron historia y advertencias para futuros diseños

La relación existente entre el éxito y el fracaso en el diseño constituye una de las paradojas fundamentales de la ingeniería. La acumulación de experiencias de éxito tiende a envalentonar a los diseñadores y los lleva a intentar proyectos cada vez más osados y ambiciosos, tendencia que parece culminar, casi invariablemente, en un fallo colosal que constituye una sorpresa para todos. Por otro lado, a raíz de ese fallo surge generalmente un conservadurismo renovado que conduce a conceptos de diseños nuevos y sin probar que, irónicamente, se convierten en éxitos eminentes precisamente porque el proceso de diseño se desarrolla cautelosamente a partir de las cuestiones fundamentales y da poco por supuesto. A medida que la nueva forma de diseño evoluciona y madura, sin embargo, las precauciones que acompañaron a su introducción tienden a ser olvidadas, y surge un nuevo periodo de optimismo y soberbia. En este y otros trabajos he expuesto, con el apoyo empírico de numerosos estudios de caso, la naturaleza cíclica del clima de diseño en ingeniería (véase Petroski, 1985).

En su tesis sobre los accidentes estructurales y sus causas, Sibly (1977) analizó los fallos de varios grandes puentes metálicos en su contexto histórico de diseño y puso de manifiesto que todos y cada uno de ellos sucedieron en un clima de diseño caracterizado por la creciente longitud de los vanos, la creciente delgadez de la forma, la creciente confianza en el análisis o un factor de seguridad menguante (*cf.* Sibly y Walker, 1977). Generalmente se da una combinación de esas circunstancias, y es típico que existan signos que adviertan de la inminencia de problemas, pero a los que rara vez, si es que alguna, se presta atención explícita en el proceso evolutivo del diseño. Una vez acaecido el fallo, empero, esas tendencias devienen, retrospectivamente, muy evidentes. El estudio de Sibly y Walker pormenoriza los fallos de varios grandes puentes y en la discusión final de su reflexivo trabajo llegan a la conclusión de que en las circunstancias que incidieron en su diseño, y que condujeron a su fallo, estuvieron presentes varios rasgos comunes:

> En todos los casos es posible identificar una situación en la que un cierto factor tenía una importancia secundaria en relación con la resistencia o la estabilidad de los primeros ejemplos de la misma forma. Sin embargo, con el aumento de la escala de los puentes subsiguientes ese factor adquirió una importancia fundamental y desencadenó el fallo. El accidente sucedió no porque el ingeniero hubiera cometido la negligencia de no proporcionar a la estructura la resistencia que el enfoque de diseño aceptado prescribía como suficiente, sino a consecuencia de la inadvertida introducción de un nuevo tipo de comportamiento. Andando el tiempo, en el curso del periodo de desarrollo de la forma, las bases originales de los métodos de diseño fueron olvidadas y asimismo lo fueron los límites de su validez. A continuación de un periodo de construcción jalonado de éxitos, un diseñador, quizá demasiado pagado de sí mismo, simplemente llevó el método de diseño, una vez más, un poco más lejos; esta vez, demasiado lejos.

La comprensión de cómo el error y el descuido condujeron a fallos en el pasado proporciona un modelo para el examen crítico de la práctica actual. Este examen, en sí mismo, puede aportar al proceso de diseño la autocorrección necesaria para prevenir, o cuanto menos posponer —quizás indefinidamente— el fallo «inevitable». Habida cuenta de la evidencia reunida por Sibly y Walker, y de la naturaleza aparentemente cíclica del éxito y el fracaso en el campo del diseño, resulta natural preguntar si hay algún indicio de fallo inminente en los diseños que hoy se encuentran aún en la sala de delineación. ¿Cuáles son los proyectos de ingeniería con mayor probabilidad de resultar propensos a los accidentes? ¿Es posible examinar la práctica de diseño actual en su contexto y vislumbrar patrones en desarrollo a partir de los cuales puedan advertirse indicios de problemas en el futuro? Estas preguntas pueden y deberían plantearse, por supuesto, ya que su misma verbalización puede iniciar un proceso de reflexión que podría corregir una tendencia de diseño de otro modo condenada a correr un destino funesto.

Extrapolación a partir del patrón detectado por Sibly y Walker

El cuadro 10.1 enumera los casos históricos estudiados por Sibly y Walker (1977). Como señalan, «más como tema de debate que como una observación seria» los fallos de los puentes del Dee, del Tay, de Quebec y de Tacoma Narrows se sucedieron a intervalos casi exactos de treinta años. Aunque ni Sibly en su tesis (1977) ni Sibly y Walker en su artículo (1977) estudian en profundidad la serie de accidentes ocurridos con diseños de vigas cajón de acero y ejemplificados por el incidente acaecido en 1970 en el puente de Milford Haven, en Gales, Sibly y Walker señalan que este caso confirma aún más la existencia de un ciclo de treinta años, que ellos mismos no tienen reparo en admitir que puede ser fruto de una mera coincidencia. Sea o no una coincidencia la sorprendente pauta observada por Sibly y Walker parece atraer la atención irresistiblemente hacia los años en torno al cambio de milenio como el periodo durante el que cabría esperar que se produjera el fallo de un gran puente de algún tipo nuevo.

Tabla 10.1. Fallos de puentes que supusieron un hito histórico

Puente (localización)	*Tipo*	*Causa probable*	*Año*	*Intervalo (años)*
Dee (Inglaterra)	Vigas celosía	Inestabilidad torsional	1847	—
Tay (Escocia)	Celosía	Inestable frente al viento	1879	32
Quebec (Canadá)	Voladizo	Pandeo por compresión	1907	28
Tacoma Narrows (Estados Unidos)	Colgante	Inestabilidad aerodinámica	1940	33
Milford Haven (Gales)	Vigas cajón	Pandeo de las planchas	1970	30
?	¿Puente atirantado?	¿Alguna inestabilidad?	2000	c. 30

Fuente: Sibly y Walker (1977)

Sibly y Walker proponen especulativamente que ese intervalo de treinta años puede representar «un hiato en la comunicación entre una generación de ingenieros y la siguiente» y muy bien puede ser que tal hecho sea parte de la explicación. Los nuevos tipos de puentes no surgen de pronto completamente construidos, obviamente, y un concepto puede tardar décadas en pasar de la mesa de dibujo al terreno de edificación. No obstante, por lo general, un nuevo tipo de puente no queda ampliamente especificado hasta que no se encuentra bien avanzada, cuando no terminada, la construcción de un diseño pionero. Los ingenieros que intenten realizar diseños nuevos o relativamente nuevos tendrán especial cuidado de razonar a partir de principios básicos y de prever todas las modalidades de fallo. Ocurrirá sólo después de que un tipo de puente se haya convertido en «estándar» que se tenderá a olvidar los principios básicos, se dudará cada vez menos a la hora de extrapolar de forma incremental a partir de la experiencia acumulada, y más y más decisiones de diseño se delegarán en ingenieros cada vez menos y menos experimentados. En una situación semejante, es probable que, en efecto, se desarrollen hiatos generacionales.

Los fallos de puentes concretos suceden en realidad con una frecuencia mayor y más irregular que cada treinta años, por supuesto, pero la pauta identificada por Sibly y Walker se refiere, más que a la caída de un puente en particular, al fallo de uno de los principales tipos de puente. De hecho, puede afirmarse que cada uno de los sucesivos tipos de puente enumerados en el cuadro 10.1 fue desarrollado, hasta el punto en que falló, precisamente porque ofrecía una alternativa a los tipos que habían fallado antes. Las vigas celosía quedaron obsoletas después del hundimiento parcial del puente del Dee y las celosías de hierro evolucionaron en su lugar. Tras el desastre del puente del Tay el diseño del puente voladizo se convirtió en el favorito para la construcción de puentes ferroviarios hasta la caída del puente de Quebec. Después de este fallo los puentes colgantes se impusieron sobre los diseños voladizos hasta el desplome del puente de Tacoma Narrows. Si nos preguntamos qué tipo de puente podría ser el protagonista del próximo gran fallo, haríamos bien en dirigir nuestra atención hacia los tipos de puente que están en plena evolución, y en mutua competencia, en la actualidad.

Qué impulsa el diseño

Hay muchos factores obvios que hacen que se diseñen y construyan estructuras cada vez más grandes. Como vimos en el capítulo 3, Vitrubio narró la historia de cómo el ingeniero Diogneto perdió su contrato anual para la defensa de Rodas cuando otro ingeniero, Callias, en una conferencia, prometió construir una grúa más grande y mejor para capturar las máquinas de sitio enemigas. Los tipos de puentes han evolucionado hacia extensiones más y más largas por razones obvias, entre las que no se encuentra en último lugar el hecho de que siempre parece haber ingenieros dispuestos a construir puentes más largos. De hecho, ya en el siglo XIX, Baker (1873), en el libro que dedicó a los puentes de grandes vanos, señaló que «el tamaño de un puente es demasiado a menudo el criterio popular por el que se mide el prestigio de su ingeniero».

En un artículo reciente (Fowler, 1988) sobre las longitudes que podrían alcanzar los puentes colgantes merced a cables en cuya composición entran nuevos materiales como la fibra de carbono, se señala que «la historia de los vanos largos es la historia de los materiales» y que «cada nuevo material tardó entre treinta y cuarenta años en ganarse la confianza y la aceptación de los ingenieros». La compañía británica G. Maunsell & Partners quería ser la primera en explotar el nuevo material y «buscaba un cliente y un lugar donde construir» un puente peatonal como primera estructura colgante que utilizase materiales compuestos. En palabras de uno de los ingenieros de la firma, «Lo trataríamos como si fuese un proyecto de investigación y mantendríamos vigilado su comportamiento en todos los aspectos durante un periodo de diez o veinte años. La tecnología para construir esa estructura está disponible. Todos los aspectos prácticos de la cuestión están claros. Nos gustaría realizarlo como una primicia mundial». Si ese proyecto tuviera éxito —y con la atención que se ha dedicado a su puesta en marcha y la estricta vigilancia que se planea para su comportamiento y su envejecimiento, ciertamente cabría esperar que lo tuviera— quienes hoy proponen ese puente peatonal sin duda estarían ansiosos por desarrollar los vanos de cinco millas (ocho kilómetros)* que los cálculos teóricos apuntan como posibles.

A medida que la práctica va incorporando nuevos tipos estructurales y nuevos materiales, parece brotar casi invariablemente un ansia de diseños más ambiciosos, y también más económicos. El objetivo de la economía suele conseguirse reduciendo los factores de seguridad. Un artículo reciente (Kuesel, 1990) que se pregunta «¿Qué le ha sucedido al diseño de puentes a largo plazo?» advierte que «no deberíamos estar debatiendo cuánto podemos reducir todavía los márgenes de seguridad (tocantes a las cargas y a la resistencia), sino más bien cuánto deberíamos aumentar-

* Para mantener la continuidad de estilo del libro en lo que se refiere al empleo del sistema de unidades tradicional británico, las longitudes de los vanos colgantes o atirantados más recientes y planeados se ofrecerán también principalmente en pies, con la conversión a metros entre paréntesis *[N. del A.]*.

los (por el desgaste debido al uso y la corrosión)». Este consejo es especialmente prudente y oportuno cuando se trata de estructuras que se espera que duren un siglo o incluso más tiempo.

Puentes atirantados

El puente atirantado es sin duda el más significativo de los nuevos tipos en desarrollo en este momento y su evolución está haciendo de él un fuerte competidor en proyectos con vanos de gran longitud. Aunque a veces se los tacha de «extraños», los diseños de puentes atirantados tienen una doble ventaja característica: su construcción no requiere de un andamiaje significativo al mismo tiempo que ofrecen una calzada de perfil esbelto. Hacia 1990 existían todavía relativamente pocos puentes atirantados en los Estados Unidos y los ingenieros y los constructores sentían cierta renuencia a afrontar sus desafíos. A los nuevos diseños aún «se los englobaba en la categoría de puentes raros que "acojonan" a los constructores» porque «no los puedes construir a partir de un conjunto de planos» (Anónimo, 1992a).

No obstante, a pesar de toda la novedad de este tipo estructural, un artículo contemporáneo (Takena *et al.*, 1992) constata que a los puentes atirantados «se les demanda una vida útil de más de cien años» y señala que un menor número de cables más tensados y una vida útil más larga —dos objetivos en competencia— son cosas claramente incompatibles, pues «a medida que aumenta el diámetro del cable su resistencia a la fatiga disminuye». Otro artículo (Bruneau, 1992) observa que «ya se admite y se prevé que el diseño de los puentes atirantados necesite de un esfuerzo de ingeniería mayor que el requerido por las configuraciones de los puentes más convencionales». Entre las complicaciones del análisis están todas las combinaciones estructurales que han de tenerse en cuenta ante la posibilidad de que falte un cable, bien porque haya fallado debido a la fatiga, bien por haber tenido que retirarlo para reemplazarlo. Al menos un diseñador de puentes ha descrito «la perspectiva de analizar todas las combinaciones de estructura posibles» como «aterradora» (véase O'Neill, 1991).

Los diseños de puentes atirantados se remontan cuando menos hasta el Renacimiento (la ilustración 10.1 muestra un diseño propuesto a finales del siglo XVI), pero la historia moderna de esta forma suele tomar como punto de partida la obra del ingeniero civil francés Claude-Louis Navier a comienzos del siglo XIX. Como Billington y Nazmy (1990) han expuesto recientemente, la presente popularidad del género es fruto de la recons-

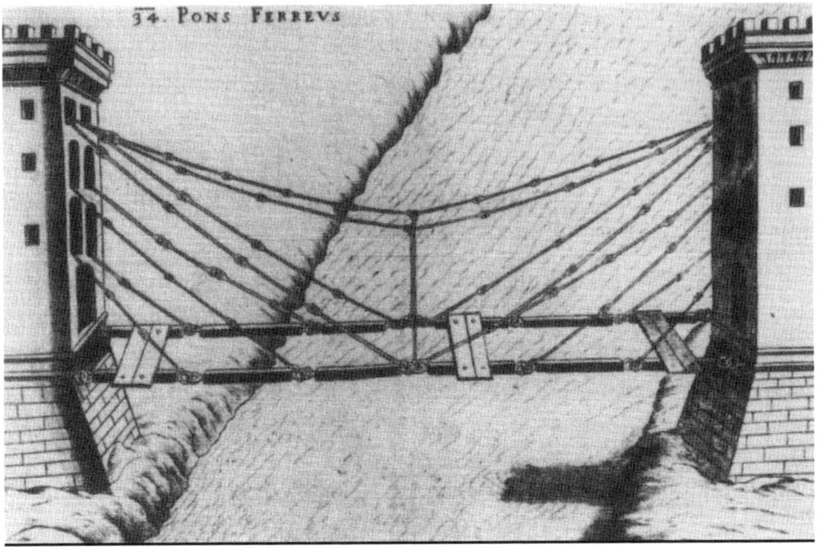

Ilustración 10.1. Diseño de un puente atirantado en el *Machinae Novae* (1595) de Fauston Veranzio.

trucción de Alemania después de la Segunda Guerra Mundial (véase la ilustración 10.2). Más de cuarenta grandes puentes atirantados se habían construido por todo el mundo antes de que se erigiese el primero en Estados Unidos, en Alaska, en 1973. (El primer puente atirantado construido en el territorio de los 48 estados contiguos fue el puente de Pasco-Kennewick, a través del río Columbia, en el estado de Washington, en 1978). Gran Bretaña no tuvo un gran puente atirantado moderno hasta la terminación del puente de Dartford sobre el Támesis, en septiembre de 1991 (fecha en que fue bautizado como Puente de Isabel II); habían transcurrido sólo cinco años y medio «desde que surgiera el germen de la idea de ese puente hasta su completa finalización» (Byrd, 1992).

Según Billington y Nazmy, en los Estados Unidos, igual que en Alemania, «inicialmente, se construyeron diseños de puentes atirantados», en parte, «porque los diseñadores deseaban emplear la nueva forma y porque ésta les atraía estéticamente». Sin embargo, el «problema estético» de conseguir «un tablero ligero sostenido por numerosos cables próximos que visualmente no parezcan amontonados», como sucede con muchos problemas estéticos, es más fácil de plantear que de resolver. Los puentes atirantados han contado con sus defensores y sus detractores estéticos, por descontado, pero incluso sus más ardientes partidarios probablemente estarían dispuestos a reconocer que no todos los diseños han logrado el mismo éxito. Los lectores pueden juzgar por sí mismos yendo al apéndice del trabajo de Billington y Nazmy, que «resume los principales puentes atirantados terminados entre 1955 y 1987» mostrando gráficamente ochenta y cinco variaciones propuestas por diversos diseñadores para sustentar un tablero ligero mediante cables.

La preferencia del diseño hacia puentes atirantados cada vez más largos es un caso típico de las tendencias históricas estudiadas por Sibly y Walker (1977) en otros tipos de puentes. A comienzos de la década de los noventa se terminó en Japón un puente atirantado con una extensión de 1 608 pies (490 metros), superado por la longitud récord de un puente noruego de 1 739 pies (530 metros), récord que se espera dure apenas dos años, hasta que los franceses tiendan sobre la desembocadura del Sena un puente atirantado de 2 808 pies (856 metros). Ya se están diseñando puentes atirantados de más de 4 000 pies (1 200 metros) y no hay duda de que se concebirán otros aún mayores. La ilustración 10.3 muestra la tendencia de la longitud máxima de los vanos de los puentes atirantados según los datos tabulados en un artículo de revisión del campo que debemos a Podolny (1992). Por lo general, los puentes colgantes convencionales continúan ofreciendo una alternativa más económica para vanos en torno a los 5 000 pies (1 500 metros), pero de momento no hay ningún indicio claro de que la curva de crecimiento de los diseños de puentes atirantados vaya a aplanarse al llegar a esa longitud.

Ilustración 10.2. Un conjunto de puentes atirantados diseñados para la ciudad de Dusseldorf, (Leonhardt, 1984, con autorización del autor).

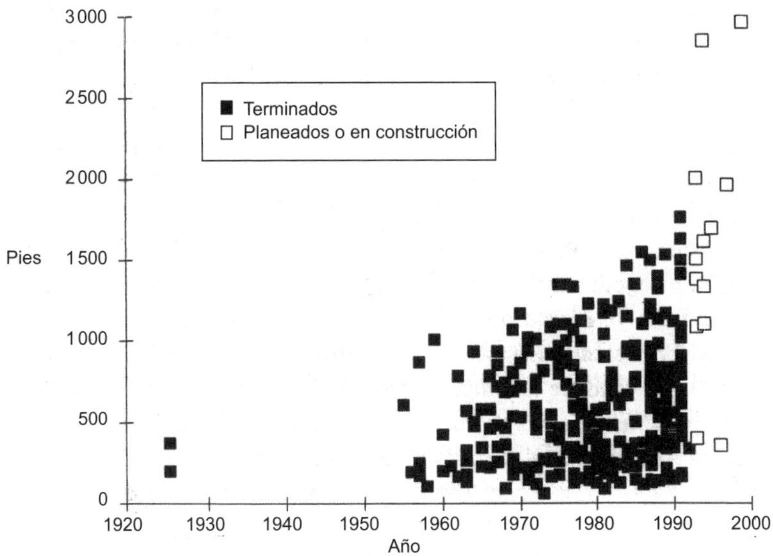

Ilustración 10.3. Fechas de finalización y longitud de los vanos de puentes atirantados (gráfico elaborado por Tonya Dale a partir de datos procedentes de Podolny, 1992).

Mientras el puente atirantado continúe siendo una forma «exótica», cabrá esperar que los ingenieros y los diseñadores lo traten, y traten sus posibles modalidades de fallo, con cautela, y usen factores de seguridad grandes. Huelga decir que aumentar la longitud total de un diseño no supone, en sí mismo, abocarse a un desastre seguro, como demostró con toda claridad el puente sobre el fiordo del Forth. Las ménsulas de sus dos vanos centrales, de 1710 pies (521 metros) cada una, finalizadas en 1890, duplicaban la extensión del vano más largo construido hasta entonces. En cambio, el primer puente de Quebec, que se hundió durante su construcción en 1907, iba a tener un vano en ménsula mucho más ligero y de aproximadamente la misma magnitud, lo que entonces representaba un salto que iba solamente un cincuenta por ciento más allá de los límites de la práctica contemporánea (véase Sibly y Walker, 1977). Los puentes colgantes de Broklyn y George Washington, dos obras de éxito sobresaliente, supusieron ambos la duplicación de los vanos más largos existentes en sus respectivas épocas (véase la ilustración 3.3).

El registro histórico de fallos de puentes no nos previene tanto contra el mero aumento de tamaño como contra los grandes puentes diseñados y construidos en un clima de excesiva confianza. En nuestros días los diseños de puentes atirantados parecen suscitar todavía el respeto suficiente como para que haya pocas razones para temer por su seguridad inmediata. No obstante, a medida que esta forma vaya tornándose más corriente, al tiempo que los pioneros de su diseño y construcción vayan retirándose de la práctica, habrá motivos para temer que el clima de diseño en que se conciban y analicen los puentes atirantados de gran extensión acabe hallándose a una generación o más de distancia de las preocupaciones que son fundamentales para su diseño. Solamente cuando esto ocurra podremos empezar a esperar una catástrofe. Un presagio de ello acaeció a mediados de 1992, cuando, se vino abajo un puente atirantado de hormigón de 394 pies (120 metros) de largo que se estaba construyendo sobre el río Han, en Corea. Sin embargo, dado que el accidente ocurrió antes de que se hubiera tensado cable alguno, y que fue atribuido a «la baja calidad del trabajo [de construcción en hormigón]» (Anónimo, 1992b), no es probable que los diseñadores presten especial atención a este fallo. Y, no obstante, en todos y cada uno de los casos de grandes fallos estructurales estudiados por Sibly (*cf.* Sibly y Walker, 1977) hubo incidentes precursores de la misma naturaleza aparentemente irrelevante que éste.

En resumen, a su tasa de desarrollo actual, el género de los puentes atirantados podría ser un candidato perfecto para sufrir un accidente colosal en torno al año 2000 por varias razones: (1) cabe esperar que los puentes atirantados de gran extensión se hayan convertido en cosa corriente; (2) los pioneros de este tipo de puente no tendrán ya la misma influencia sobre su forma final, ni directa sobre su propio diseño, ni indirecta a través de la práctica de la consultoría; y (3) pudiendo alegar a su favor el éxito de docenas de puentes con décadas de servicio sobre sus estructuras, cabe esperar que quienes encarguen y quienes diseñen la extensión de los nuevos puentes atirantados se inclinen hacia vanos más ligeros, más esbeltos, más económicos y más osados. No obstante, no hay razón alguna para pensar —especialmente si podemos contar con una conciencia muy extendida de las advertencias pertinentes— que ese fallo sea inevitable (*cf.* Petroski, 1993).

El argumento contra el fallo predestinado

El tipo de puente atirantado parece ser el candidato perfecto para continuar el patrón de un gran fallo cada treinta años que sugería el análisis de Sibly y Walker (1977), pero hay también circunstancias que atenúan la posibilidad de que algún gran puente atirantado falle hacia el año 2000. Irónicamente, es la férrea pauta que Sibly y Walker señalaron la que, en el caso de que llegase a ser ampliamente conocida y debatida por la comunidad de diseño, podría generar las circunstancias propicias para romper dicha pauta. A medida que los ingenieros diseñadores sean más conscientes de los ciclos históricos de éxito y fracaso, y perciban los peligros del exceso de confianza y la autocomplacencia, cabe esperar que lleven a cabo sus diseños con un cuidado y una atención al detalle renovados. Las perspectivas de fallo que apunta el trabajo de Sibly y Walker, resumidas en el cuadro 10.1, hacen que sea razonable confiar en que seamos capaces de prever la aparición de climas de diseño potencialmente peligrosos y evitar mejor los fallos. La preponderancia entre los fallos insignes de aquellos cuya causa fue alguna clase de inestabilidad señala de forma cada vez más clara en que dirección habría que escrutar los nuevos diseños en busca de al menos un tipo de sorpresa potencial. En su tesis, Sibly (1977) va más lejos al propugnar revisiones continuas del diseño de los tipos estructurales en evolución como un medio muy rentable, en términos de coste-efectividad, para identificar problemas que, de forma larvada, puedan estar desarrollándose.

La superficial similitud estructural entre los puentes colgantes y los puentes atirantados coloca a estos últimos en una posición histórica especial. Mientras la dramática filmación del hundimiento del puente de Tacoma Narrows permanezca intensamente viva en la conciencia de los ingenieros de puentes, constituirá un recordatorio constante de la potencial fragilidad de cualquier clase de gran estructura suspendida. Sin embargo, hay razones para temer que si la discusión del desplome de Tacoma Narrows se ve relegada a los manuales de física y de matemáticas aplicadas, como recientemente han señalado Billah y Scanlan (1991), el significado que ese fallo tiene para la ingeniería puede acabar más alejado de la práctica de lo que a los ingenieros les gustaría, y de lo que les conviene. Las lecciones que la ingeniería puede aprender de los fallos del pasado son mucho más profundas que las que obtendrá si los reduce a meros ejemplos de fenómenos físicos o a soluciones de ecuaciones diferenciales. Por esta razón, es importante que los planes de estudio de las ingenierías no releguen enteramente a los primeros cursos el análisis de accidentes como el de Tacoma Narrows; por el contrario, a la profesión le convendría desarrollar los estudios de caso de fallos y reflexionar sobre ellos a lo largo de todo el programa de estudios y especialmente en los cursos superiores y avanzados de diseño.

Un rasgo llamativo que comparten los fallos estudiados por Sibly y Walker, y resumidos en la tabla 10.1, es la presencia, como causa probable, de una u otra forma de inestabilidad. Este hecho es consistente con la observación de que esos accidentes sobrevinieron al cabo de periodos en los que se produjo un aumento consciente tanto de la escala como de las ratios de «delgadez» de los diseños, práctica que a su vez derivó inadvertidamente en que factores que anteriormente tenían como mucho una importancia secundaria llegasen a tener una incidencia fundamental (*cf.* capítulo 3). En los casos estudiados por Sibly y Walker sucede que esos diseños malaventurados fueron realizados por lo general en un clima de plena confianza, en el que todos y cada uno de los puentes fallidos representaban, o bien un incremento evolutivo que no hacía sino continuar un largo linaje de puentes similares que cumplían satisfactoriamente sus funciones, o bien un paso dado con la seguridad de que se efectuaba apoyándose en fundamentos teóricos sólidos o empleando un factor de seguridad adecuado. A los diseñadores involucrados en tales empresas puede que les suponga un esfuerzo especial contemplar sus diseños desde la óptica del trabajo de Sibly y Walker, pero hay razones convincentes para que lo hagan así.

Conclusión

Puede que la observación de Sibly y Walker de que a lo largo del último siglo y medio se ha producido el desplome de algún gran puente aproximadamente cada treinta años demuestre a la larga no ser más que una rareza o una curiosidad, pero puede servir también para alertar a los ingenieros con respecto a ciertos signos de advertencia inherentes a la naturaleza del proceso de diseño y que pueden tener profundas implicaciones para la evolución de las grandes estructuras de cualquier tipo. A pesar de que los puentes reunidos en el cuadro 10.1 pertenecen a tipos estructurales radicalmente diferentes y sus modalidades de fallo son ostensiblemente distintas, sus procesos de diseño comparten una identidad subyacente que llevó a cada uno de esos tipos hasta el punto en que se vinieron abajo. En efecto, el proceso de diseño en ingeniería posee ciertos rasgos fundamentales tan constantes y que son una parte tan inextricable de los aspectos creativos del diseño que es improbable que ni siquiera los más complejos desarrollos de la inteligencia artificial y el diseño asistido por ordenador puedan afectar al hecho básico de que, en último término, sólo la perspicacia humana puede extirpar el error humano de un diseño.

En la novela de John Hersey, *A Single Pebble* (1957), que trata de un joven ingeniero que remonta el río Yangtze a bordo de un junco chino, el protagonista expresa su sorpresa ante el hecho de que pueda haber una nueva forma de franquear sus peligrosos rápidos en una embarcación cuya forma, en el transcurso de los siglos, ha variado tan poco como el propio río. Sin embargo, el viejo patrón del barco le asegura que así es: «Surge una forma nueva cada cuarenta años. Es vieja, pero se dice que es nueva. Los prácticos del río esperan sólo a que sus abuelos, que la conocen de sobra, mueran y entonces proclaman que han descubierto una nueva forma». Acaso los ingenieros occidentales esperen sólo treinta años, pero también ellos, con demasiada frecuencia, llaman nuevas a formas antiguas (e incluso llaman viejas a las nuevas) y olvidan lo que sus abuelos profesionales y otros ancestros más antiguos en el ámbito del diseño entendían perfectamente. Bastante más de un siglo antes de la caída del puente de Tacoma Narrows había puentes colgantes y algunos de ellos fallaron a causa de la acción del viento. Más de un siglo antes de que fallasen los puentes de vigas cajón de acero Robert Stephenson construía con éxito puentes tubulares de hierro forjado precisamente porque se cuidaba de reforzar sus planchas para prevenir el pandeo. Y Navier concibió los puentes atirantados mucho más de un siglo antes del actual enamoramiento de los ingenieros y sus clientes con la nueva forma.

Puede rechazarse la pauta de treinta años de Sibly y Walker —que trasciende incluso los problemas de comportamiento característicos de cada tipo individual de puente— como nada más que una sorprendente coincidencia, pero existen excelentes razones para creer que cerrar los ojos ante sus implicaciones y las lecciones que pueden extraerse de su perspectiva sobre los fallos estructurales puede llevar, irónicamente, a que el cuadro 10.1 se vea enriquecido con un nuevo caso. La manera más segura de evitar nuevos fallos es entender plenamente los hechos y las circunstancias que rodearon a los fallos que ya han tenido lugar. Sibly y Walker han observado una pauta ordenada en los errores del pasado, pero el supremo y perdurable valor de su trabajo radica en el hecho de que podría interrumpir la continuación de su secuencia.

11
Conclusión

El desarrollo de paradigmas basados-en-fallos puede servir para definir mejor el papel del fallo en el proceso de diseño. Entender cómo se introdujo el error en diseños del pasado puede facilitar su detección y eliminación en los diseños del futuro; y exponer de qué modo algunos de los ingenieros más creativos de épocas pasadas lograron evitar conscientemente el error aporta modelos de buen diseño que el futuro puede procurar imitar. Cuando entendamos tanto los aspectos negativos como los positivos del papel del error en el proceso de diseño conseguiremos que el propio proceso sea más comprensible, fiable y productivo.

Paradigmas como los aquí presentados pueden servir también para unificar un cúmulo de experiencias pretéritas de fallos y de modos de evitarlos que por regla general nunca se ha conseguido integrar en algún esquema de clasificación útil. El valor de las historias de caso ha sido apreciado desde antiguo, pero su uso sistemático en beneficio de la próxima generación de diseños puede ser una labor ardua. Al aportar una nueva estructura de paradigmas en cuyo marco se pueda dar a los estudios de caso interpretaciones amplias para las que sean irrelevantes las líneas de demarcación entre las especialidades de diseño, tanto los teóricos como los prácticos de esta actividad tendrán acceso a una plétora de nuevas experiencias.

El diseño ha sido un aspecto notoriamente problemático de los planes de estudios de las ingenierías. Las historias de caso paradigmáticas ofrecen un modo de entender y enseñar el proceso de diseño que puede estructurarse de acuerdo con un esquema útil. El esquema que forman los paradigmas y los estudios de caso que los corroboran posee una doble virtud: no sólo sienta las bases para la organización de una masa ingente de experiencia profesional de diseño en beneficio de los estudios teóricos, sino que proporciona además advertencias y modelos para el estudiante de diseño y para el profesional en ejercicio.

Dado que el error humano es incuestionablemente una de las principales causas de los fallos de diseño, entender cómo se pueden identificar situaciones proclives a suscitar errores en el proceso de diseño ayuda a reducir el error. Y con la disminución de éste podemos esperar un amplio abanico de beneficios sociales y tecnológicos que irían desde una mayor fiabilidad de los artefactos y sistemas producto de la ingeniería hasta un incremento de la productividad y la competitividad en el mercado global.

Si hemos identificado y presentado aquí paradigmas válidos, y lo hemos hecho de tal manera que el lector pueda suplementar las historias de caso ofrecidas en apoyo de un paradigma con otras procedentes de su propio campo de experiencia, entonces la hipotética validez didáctica de ese paradigma habrá quedado confirmada. Si el estudiante de ingeniería y el profesional del diseño que lean este libro son capaces de usarlo como un modelo para abordar otros problemas de ingeniería o para detectar errores de diseño en su propio trabajo en curso, la hipótesis de la utilidad de los paradigmas de diseño habrá sido validada por su utilización productiva en el incremento de la efectividad tanto de la enseñanza como de la práctica de la ingeniería y en la creciente fiabilidad de los artefactos y los sistemas diseñados por los ingenieros.

Es evidente que los estudios de caso complementan la enseñanza de cualesquiera principios abstractos del diseño, porque los ejemplos concretos incorporan modelos tanto de errores que se han de evitar como de buenas prácticas que conviene emular. De esta manera, la exposición y difusión de una colección de estudios de caso puede proporcionar las bases de un núcleo común de ejemplos de diseño a partir de los cuales pueda alcanzarse una buena comprensión de la naturaleza y la clasificación de los tipos de error humano y de los pasos que se han tomado para prevenirlos. En especial, los estudios de caso extraídos de los clásicos de la literatura de la ingeniería ofrecen perspectivas sobre la naturaleza del error humano y su papel en el proceso de diseño que, debido a que su interpretación no suele estar empañada en el momento presente por cuestiones sujetas a debate técnico, legal, económico o social, es más probable que sean presentadas, interpretadas y recibidas con objetividad por la comunidad de diseño.

Las lecciones de las historias de caso persuasivas son intemporales. Por eso, que los diseñadores de hoy posean una conciencia más aguda de los peligros atávicos de la lógica del diseño y de los errores de juicio clásicos cometidos en esta actividad puede ayudar a evitar que se repitan idénticos errores en los nuevos diseños. Aunque nuestras herramientas científicas, matemáticas y computacionales más modernas carecen de precedentes en la historia del diseño y la manufactura, hay elementos esenciales del proceso de diseño que son más fundamentales que cualquiera de las modernas herramientas de diseño o de las nuevas perspectivas sobre él. Es por eso que las lecciones que podemos aprender de los errores en que se incurrió antaño en esos aspectos fundamentales del proceso de diseño no son menos relevantes hoy que cuando fueron cometidos por primera vez. Si inculcamos en los ingenieros del mañana una íntima comprensión del error y de su prevención, en el contexto de los estudios de caso, podremos esperar que las próximas generaciones de diseñadores estén cuando menos avisadas de las equivocaciones que se han cometido y de cómo se las podría evitar en el futuro.

La colección de historias de caso reunidas en este libro no pretende en ningún caso ser definitiva. Antes bien, su intención es demostrar el potencial que posee el empleo de estudios de caso para iluminar cómo han cometido y evitado el error humano los ingenieros a lo largo de la historia. La perspectiva histórica a largo plazo subraya la persistencia del error en el proceso de diseño, y la clara asociación de los errores con aspectos cognitivos del diseño implica una seria advertencia sobre el creciente uso de herramientas informáticas en el diseño. No cabe esperar que el desarrollo de ayudas informáticas para el diseño y otros aspectos de la ingeniería esté libre de error, y negarlo, restarle importancia o hacer caso omiso de este hecho sólo puede contribuir a crear un clima mucho más propicio al error que aquel en el que quienes trabajan en problemas de diseño ingenieril, o en el desarrollo de programas informáticos con los que intentar resolverlos, son extremadamente conscientes de él. Es probable que las herramientas de diseño asistido por ordenador creadas en un vacío metodológico despojado de toda experiencia pretérita hagan a la próxima generación de ingenieros protagonista de un número de casos de error y fallo mayor que aquel en que habrían incurrido sin su asistencia.

Como ya señalé en la introducción, los ejemplos de ingeniería estructural dominan este libro, pero tales ejemplos muestran un amplio abanico de tipos de error imbricados que han asediado al proceso de diseño desde tiempos ancestrales. En lugar de diluir el efecto de esta recopilación tratando de incluir ejemplos de diversas ramas de la ingeniería, he preferido presentar los principios de diseño encarnados en esos ejemplos estructurales como paradigmas del diseño en general. Los lectores que no sientan inclinación por la ingeniería estructural deberían ser capaces de evocar ejemplos análogos procedentes de los campos que les resulten más familiares, pero cuyo desarrollo habrá sido también más reciente.

En la bibliografía incluida al final del libro predomina también con fuerza la literatura sobre ingeniería estructural, pero eso no quiere decir que se le deba suponer una relevancia limitada o que sus lecciones posean solamente un alcance restringido. El propósito de este libro es presentar un alegato paradigmático irrefutable a favor del valor de las historias de caso, desde las más antiguas hasta las más modernas, para iluminar y eliminar las causas y los resultados del error humano en el proceso de diseño en general.

La relevancia de la historia para la ingeniería

El diseño de ingeniería es una actividad humana, y no una ciencia perfecta capaz de crear productos perfectos. La ingeniería es en parte un arte y es este aspecto del diseño el que resulta difícil, si no imposible, cuantificar y modelar por completo. No existe una lista de comprobación finita donde consten las reglas y las preguntas que un ingeniero podría aplicar y responder a fin de poder afirmar que un diseño es perfecto y absolutamente seguro; ese carácter definitivo es incompatible con el conjunto del proceso, la práctica y los logros de la ingeniería. Los ingenieros no sólo han de proceder, previamente a cualquier análisis conforme al estado del arte, al ejercicio de lo que diversamente se ha denominado pensamiento ingenieril o juicio ingenieril, sino que deben también complementar los resultados de sus análisis con interpretaciones concienzudas y bien meditadas de dichos resultados.

Un éxito puede reproducirse virtualmente sin riesgo alguno. Pero sólo puede extrapolarse mediante una aplicación adecuada del método de la ingeniería, encarnado en una perspectiva adecuada sobre el fallo. La ingeniería avanza por medio del análisis proactivo y reactivo de fallos. La comprensión del fallo en todas sus manifestaciones, reales e imaginadas, se asienta en el corazón mismo del método de la ingeniería. La mejora de las herramientas y modelos analíticos no puede mejorar por sí sola la práctica de la ingeniería ni la fiabilidad de sus productos, ya que en la elección de los insumos que se introducen en el análisis y en la interpretación de sus resultados interviene una forma de juicio que es extracientífica. Realmente, los esfuerzos dirigidos a mejorar el diseño en el ámbito de la ingeniería que se concentran en el refinamiento de sus herramientas y modelos analíticos más fácilmente cuantificables podrían llegar a resultar, de hecho, incluso contraproducentes si esos esfuerzos se efectúan a expensas de los estudios encaminados a mejorar las aptitudes para la elección de supuestos y las capacidades interpretativas de los ingenieros.

Dado que los aspectos artísticos y sintéticos de la práctica de la ingeniería no se han visto afectados en lo fundamental por los desarrollos de sus herramientas científicas y analíticas, la historia de la ingeniería en su totalidad continúa siendo relevante para la enseñanza de la ingeniería y para el refinamiento de su pensamiento y su juicio característicos. En especial, las lecciones aprendidas a partir de los fallos son hoy tan importantes como lo fueran en los tiempos antiguos. Esto no implica afirmar que el estado del arte no ha avanzado; es innegable que lo ha hecho. Pero los errores de juicio en que incurriera cierto ingeniero romano pueden ser y han sido repetidos en tiempos modernos. Los supuestos equivocados asumidos por un ingeniero del Renacimiento pueden ser y han sido repetidos en diseños del siglo XX. Vitrubio, Galileo y muchos otros registraron los errores y las equivocaciones del pasado y gracias a ello las lecciones sobre el diseño contenidas en las obras clásicas continúan siendo relevantes para la ingeniería de hoy —incluso a pesar de que las matemáticas que utilizaban hayan sido superadas hace tiempo.

Aunque el ordenador haya reemplazado a la regla de cálculo y el acero y el hormigón hayan desplazado a la madera y la piedra, nada ha modificado el hecho de que un ingeniero debe bosquejar aún su concepto antes de poder calcular su resistencia y su coste. Y los ingenieros todavía deben imaginar cómo podrían fallar sus estructuras si es que han de ser capaces de calcular los factores de seguridad y fiabilidad. Por más que la ciencia y las matemáticas hayan avanzado, las leyes de la naturaleza no han cambiado, y la fuerza del viento que destruyó los tableros de multitud de puentes colgantes a comienzos del siglo XIX es la misma que acabó con el puente de Tacoma Narrows en 1940. Es como si todos los progresos analíticos registrados en el diseño de los puentes colgantes no hubieran servido de nada, y ello porque no se habían analizado las consecuencias de la que demostró ser la modalidad de fallo crítica.

Hoy en día el reconocimiento del valor de las lecciones que hemos aprendido de los fallos es muy amplio. Pero, colectivamente, algunos fallos muy viejos, así como otros muy recientes, aportan una información que va bastante más allá de sus advertencias obvias. En lugar de ver el fallo del puente de Tacoma Narrows, por ejemplo, como una lección pertinente sólo para los diseñadores de puentes colgantes con tableros flexibles, podemos mirar más allá de sus lecciones más obvias e indagar qué lecciones atesora sobre el *proceso* de diseño ingenieril en su conjunto. Generalizando a partir de clases familiares —y no tan familiares— de fallos, los ingenieros pueden aprender y enseñar *qué* tipos de errores y equivocaciones del pensamiento y el juicio propios de la ingeniería se han repetido una y otra vez a lo largo de la historia.

En otro tiempo los estudiantes de ingeniería estudiaban la historia de su profesión más extensamente que hoy. Las presiones para reducir las exigencias de la titulación en su conjunto, unidas al deseo de cursos de matemáticas y de análisis aplicado a la ingeniería más y más avanzados, se impusieron. Por lo general, los cursos de historia de la ingeniería se veían como un lujo cultural, útiles tal vez para instilar cierto orgullo profesional en los estudiantes pero no lo bastante importantes como para incluirlos entre los requisitos obligatorios para la obtención del título. Y como esos cursos tendían a ser panegíricos de los éxitos de la ingeniería, en ocasiones llenos de detalles, tan minuciosos como altamente discutibles, sobre la construcción de las pirámides o las catedrales, era difícil ver qué relación podían tener con el diseño de satélites espaciales o de puentes colgantes que no se vinieran al suelo.

En la actualidad existen indicios de que las lecciones de la historia de la ingeniería se echan intensa y dolorosamente en falta. En un debate abierto celebrado en 1976, durante un encuentro conjunto de la British Institution of Mechanical Engineers y la Newcomen Society for the Study of the History of Engineering and Technology, se planteó que «en las industrias en rápido avance, por delante de lo que recogen los libros de texto, es útil descubrir cómo habrían hecho frente a sus problemas los ingenieros de otras épocas» (Newcomen Society, 1976). Además, se sentía que «la transferencia de ideas de un campo a otro... es un elemento concomitante al estudio de la historia de la ingeniería». Un congreso más reciente sobre esta cuestión reunió a historiadores e ingenieros y la declaración conjunta resultante de esa ocasión constituye un vibrante llamamiento a conceder «una atención activa y seria a la cuestión de cómo se puede implementar la enseñanza de la historia de la ingeniería para que contribuya a la revitalización de la formación de los ingenieros» (Vincenti y McGinn, 1992).

La historia de la ingeniería es relevante incluso para la más alta de las altas tecnologías, siempre que se entienda que el objeto apropiado de su estudio es el pensamiento de la ingeniería acerca del papel que el fallo desempeña en la consecución del éxito, y no el mero recitado de los logros de la ingeniería (véase Petroski, 1992e). La historia de la ingeniería, en especial expuesta en una forma que contenga estudios de caso de fallos agrupados bajo temas unificadores relacionados con diversos aspectos del método de la ingeniería, constituiría una adición inestimable al contenido de los planes de estudio contemporáneos. Y si algunos de esos cursos pudieran impartirlos ingenieros reflexivos que tuvieran experiencia profesional de primera mano, entonces los estudiantes no sólo podrían aprender algo de la cultura de su profesión, podrían aprender de verdaderos maestros cómo desarrollar el buen juicio que precisa la buena ingeniería. Más aún, esos cursos podrían conseguir que los estudiantes adquiriesen para el resto de sus vidas el hábito de leer historia de la ingeniería por su propia cuenta, descubriendo o reconociendo nuevos estudios de caso, y tal vez hasta escribiéndolos para que otros ingenieros pudieran leerlos. Algunas grandes lecciones de la ingeniería hoy perdidas podrían ser así redescubiertas, y se agudizarían, en lugar de embotarse, el pensamiento y el juicio profesional de los futuros ingenieros.

Bibliografia

Adams, H. (1918): *The Education of Henry Adams: An Autobiography,* Boston, Houghton Mifflin.

Addis, W. (1990): *Structural Engineering: The Nature of Theory and Design,* Chichester, West Sussex, Ellis Horwood.

Alexander, C. (1964): *Notes on the Synthesis of Form,* Cambridge, Massachussets, Harvard University Press.

Allen, D. E. (1984): «Structural Failures Due to Human Error. What Research to Do?», en *Risk, Structural Engineering and Human Error.* Editado por M. Grigoriu, Waterloo, Ontario, University of Waterloo Press, 127-137.

American Society of Civil Engineers (1988): *Quality in the Constructed Project: A Guideline for Owners, Designers and Contractors,* Preliminary Edition for Trial Use and Comment, vol. 1, Nueva York, ASCE.

American Society for Engineering Education (1986): *Engineering Case Library: A Catalog of Cases Available from ASEE,* Washington, D.C., ASEE.

Ammann, O. H. (1933): «George Washington Bridge: General Conception and Development of Design», *Transactions of the American Society of Civil Engineers,* 97, 1-65.

Anonymous (1989): «Is Ship Design All at Sea?», *The Engineer,* febrero, 16, 24-25.

— (1992a): «New Cable-Stayed Bridge Will Span the Mississippi», *Civil Engineering,* febrero, 16, 18.

— (1992b): «Cable-Stayed Bridge Fails in Korea». *ENR,* agosto, 10, 7-8.

Aristóteles [s. IV a. C] (1980): *Minor Works,* Traducido por W. S. Hett, Cambridge, Massachussets, Harvard University Press.

Baker, B. (1873): *Long-Span Railway Bridges,* Londres, E. & F. N. Spon.

Beckett, D. (1980): *Brunel's Britain,* Newton Abbot, Devon, David & Charles.

— (1984): *Stephensons' Britain.* Newton Abbot, Devon, David & Charles.

Bell, T. E., (ed.) (1989): «Special Report: Managing Risk in Large Complex Systems», *IEEE Spectrum,* junio, 22-51.

Bell, T. y Karl E. (1987): «The Fatal Flaw in Flight 51-L», *IEEE Spectrum,* febrero, 36-51.

Benvenuto, E. (1991): *An Introduction to the History of Structural Mechanics,* Nueva York, Springer Verlag, dos partes.

Billah, K. Y. y Scanlan, R. H. (1991): «Resonance, Tacoma Narrows Bridge Failure, and Undergraduate Physics Textbooks», *American Journal of Physics,* 59, 118-124.

Billington, David P. (1977): «History and Aesthetics in Suspension Bridges», *Journal of the Structural Division, Proceedings of the American Society of Civil Engi-*

neers, 103, 1655-1672. Véase también vol. 104 de Herbert Rothman, 246-249; George Schoepfer, 378-379; Peter G. Buckland, 379-380; Hasan I. A. Hegab, 619; Harold Samelson, 732-733; Edward Cohen y Frank T. Stahl, 1027-1030; Blair Birdsall, 1030-1035; y John Paul Hartman, 1174-1176. Réplica de Billington en vol. 105, 671-687.

— (1980): «Wilhelm Ritter: Teacher of Maillart and Ammann», *Journal of the Structural Division, Proceedings of the American Society of Civil Engineers,* 106, 1103-1116.

— (1983): *The Tower and the Bridge: The New Art of Structural Engineering,* Princeton, Nueva Jersey, Princeton University Press.

Billington, David P. y Nazmy, A. (1990): «History and Aesthetics of Cable-Stayed Bridges», *Journal of Structural Engineering,* 117, 3103-3134.

Bishop, J. G. (1897): *The Brighton Chain Pier: In Memoriam. Its History from 1823 to 1896, with a Biographical Notice of Sir Samuel Brown, its Designer and Constructor, and An Appendix (Legal Documents),* Brighton, J. G. Bishop.

Blockley, D. I. (1980): *The Nature of Structural Design and Safety,* Chichester, West Sussex, Ellis Horwood.

Blockley, D. I. y Henderson, J. R. (1980): «Structural Failures and the Growth of Engineering Knowledge», *Proceedings of the Institution of Civil Engineers,* 68, Parte 1, 719-728.

Boyd, G. M. (ed.) (1970): *Brittle Fracture in Steel Structures,* Londres, Butterworths.

Brown, Colin B. (1986): «Incomplete Design Paradigms», en *Modelling Human Error in Structural Design and Construction.* Editado por A. S Nowak, Nueva York, American Society of Civil Engineers, 8-12.

Brown, Colin B. y Yin, X. (1988): «Errors in Structural Engineering», *Journal of Structural Engineering,* 114, 2575-2593.

Browne, Malcom W. (1983): «Disaster on I-95», *Discover,* septiembre, 14-15, 18-20, 22.

Bruneau, M. (1992): «Evaluation of System-Reliability Methods for Cable-Stayed Bridge Design», *Journal of Structural Engineering,* 118, 1106-1120.

Brunel, I. (1870): *The Life of Isambard Kingdom Brunel, Civil Engineer,* Londres, Longmans, Green.

Burford, A. (1960): «Heavy Transport in Classical Antiquity», *The Economic History Review,* 13 (segunda serie), 1-18.

Byrd, T. (1992): «Pride of Place», *New Civil Engineer,* mayo, 7, 22-26.

Campbell, R. (1988): «Learning from the Hancock», *Architecture,* marzo, 68-75.

Canada, Department of Railways and Canals (1919): *The Quebec Bridge over the St. Lawrence River, near the City of Quebec, on the line of the Canadian National Railways.* Informe del Government Board of Engineers, Ottawa.

Clark, E. (1850): *The Britannia and Conway Tubular Bridges: With General Inquiries on Beams and on the Properties of Materials Used in Construction,* Londres, Day and Son.

Condit, Carl W. (1982): *American Building: Materials and Techniques from the First Colonial Settlements to the Present,* segunda edición, Chicago, University of Chicago Press.

Cooper, T. (1907): «On the Quebec Bridge and Its Failure», *Engineering News,* octubre, 31, 473-477.

Coulton, J. J. (1977): *Ancient Greek Architects at Work: Problems of Structure and Design,* Ithaca, Nueva York, Cornell University Press.

Cowan, Henry J. (1977): *The Master Builders: A History of Structural and Environmental Design from Ancient Egypt to the Nineteenth Century,* Nueva York, John Wiley & Sons.

Cowin, S. C. (1983): «A Note on Broken Pencil Points», *Journal of Applied Mechanics,* 50, 453-454.

Cronquist, D. (1979): «Broken-off Pencil Points», *Journal of Applied Physics,* 47, 653-655.

Cross, N., (ed.) (1984): *Developments in Design Methodology,* Chichester, West Sussex, John Wiley & Sons.

Dana, A.; Askel A. y Rapp, G. M. (1933): «George Washington Bridge: Design of Superstructure», *Transactions of the American Society of Civil Engineers,* 97, 97-163.

Dibner, B. (1950): *Moving the Obelisks: A Chapter in Engineering History in Which the Vatican Obelisk in Rome in 1586 Was Moved by Muscle Power, and a Study of More Recent Similar Moves,* Nueva York, Burndy Library.

Dixon, J. R. (1988): «On Research Methodology Towards a Scientific Theory of Engineering Design», *Artificial Intelligence for Engineering Design, Analysis, and Manufacturing,* 1, 145-157.

Dixon, J. R. y Simons, M. K. (1984): «Expert Systems for Engineering Design: Standard V-Belt Design as an Example of the Design-Evaluate-Redesign Architecture», *Proceedings of the* ASME *Computers in Engineering Conference,* Las Vegas, vol. 1, 332-337.

Dixon, J. R., *et al.* (1988): «A Proposed Taxonomy of Mechanical Design Problems», *Proceedings of the* ASME *Computers in Engineering Conference,* San Francisco, vol. 1, 41-46.

Drake, S. (1978): *Galileo at Work: His Scientific Biography,* Chicago, University of Chicago Press.

Ellingwood, B. (1987): «Design and Construction Error Effects on Structural Reliability», *Journal of Structural Engineering,* 113, 409-423.

Emmerson, George S. (1977): *John Scott Russell: A Great Victorian Engineer and Naval Architect,* Londres, John Murray.

Fairbairn, W. (1849): *An Account of the Construction of the Britannia and Conway Tubular Bridges...,* Londres, John Weal.

— (1865): *Treatise on Iron Ship Building: Its History and Progress,* Londres, Longmans, Green.

— (1877): *The Life of Sir William Fairbairn, Bart.* Editado por W. Pole, Londres, Longmans, Green.

Farquharson, F. B. (1949): *Aerodynamic Stability of Suspension Bridges, with Special Reference to the Tacoma Narrows Bridge. Part I: Investigations Prior to October, 1941,* Informe del Structural Research Laboratory, Universidad de Washington.

Ferguson, E. S. (1977): «The Mind's Eye: Nonverbal Thought in Technology», *Science*, 197, 827-836.

— (1992): *Engineering and the Mind's Eye,* Cambridge, Massachussets, MIT Press.

Finch, J. K. (1941): «Wind Failures of Suspension Bridges: Or, Evolution and Decay of the Stiffening Truss», *Engineering News-Record,* marzo, 13, 74-79. Ver también, marzo, 27, 43.

— (1978): *Engineering Classics.* Editado por Neal FitzSimons, Kensington, Md, Cedar Press.

Fisher, J. W. (1984): *Fatigue and Fracture in Steel Bridges: Case Studies,* Nueva York, John Wiley & Sons.

Fitchen, J. (1986): *Building Construction before Mechanization,* Cambridge, Massachussets, MIT Press.

FitzSimons, N. (1988): «Bridge Failures: Errors Ignored», *Proceedings of the 2nd Historic Bridges Conference,* Columbus, Ohio, marzo, 11, 77-90.

Fowler, D. (1988): «The Shape of Bridges to Come», *New Civil Engineer,* junio, 30, 31-32.

Fraczek, J. (1979): «ACI Survey of Concrete Structure Errors», *Concrete International,* diciembre, 14-20.

French, M. J. (1988): *Invention and Evolution: Design in Nature and Engineering,* Cambridge University Press.

Fung, Y. C. (1977): *A First Course in Continuum Mechanics,* Englewood Cliffs, Nueva Jersey, Prentice-Hall.

Galileo [1638] (1954): *Dialogues Concerning Two New Sciences.* Traducido por H. Crewand y A. de Salvio, 1914, Nueva York, Dover [trad. cast.: *Diálogos acerca de dos nuevas ciencias,* Madrid, Losada, 2004].

Gasparini, D. A. y Melissa F. (1993): «Collapse of Ashtabula Bridge on December 29, 1878», *Journal of Performance of Constructed Facilities,* 7, 109-125.

Glegg, G. L. (1973): *The Science of Design,* Cambridge University Press.

— (1981): *The Development of Design,* Cambridge University Press.

Gordon, J. E. (1978): *Structures: Or Why Things Don't Fall Down,* Nueva York, Da Capo Press.

— (1988): *The Science of Structures and Materials,* New York Scientific American Library.

Great Britain (1849): *Report of the Commissioners Appointed to Inquire into the Application of Iron to Railway Structures,* Londres, William Clowes and Sons.

Great Britain, Department of the Environment (1973): *Inquiry into the Basis of Design and Method of Erection of Steel Box-Girder Bridges,* Committee Report, Londres, Her Majesty's Stationery Office.

Great Britain, Ministry of Housing and Local Government (1968): *Report of the Inquiry into the Collapse of Flats at Ronan Point, Canning Town,* Londres, Her Majesty's Stationery Office.

Great Britain, Navy Department, Advisory Committee on Structural Steels (1970): *Brittle Fracture in Steel Structures,* Londres, Butterworths.

Hall, A. R. (1978): «On Knowing, and Knowing How to...», en *History of Technology. Third Annual Volume.* Editado por A. Rupert Hall y Norman Smith, Londres, Mansell, 91-103.

Hammond, K. J. (1986): «Learning to Anticipate and Avoid Planning Problems Through the Explanation of Failure», *Proceedings of the Fifth National Conference on Artificial Intelligence,* AAAI-86, Philadelphia, 556-560.

Hauser, R. (1979): «Lessons from European Failures», *Concrete International,* diciembre, 21-25.

Hersey, J. (1957): *A Single Pebble,* Nueva York, Alfred A. Knopf.

Holgate, A. (1986): *The Art in Structural Design: An Introduction and Sourcebook,* Oxford, Clarendon Press.

Hopkins, H. J. (1970): *A Span of Bridges: An Illustrated History,* Nueva York, Praeger.

Hunt, R., (ed.) (1851): *Hunt's Hand-Book to the Official Catalogues: An Explanatory Guide to the Natural Productions and Manufactures of the Great Exhibition of the Industry of All Nations, 1851,* Londres.

Ingles, O. G. (1979): «Human Factors and Error in Civil Engineering», *Proceedings of the Third International Conference on Applications of Statistics and Probability in Soil and Structural Engineering,* Sydney, 402-417.

Ingles, O. G. y Nawar, G. (1983): «Evaluation of Engineering Practice in Australia», *Proceedings of the IABSE Workshop,* Rigi, 111-116.

Institution of Civil Engineers (1973): *Steel Box Girder Bridges: Proceedings of the International Conference,* Londres, ICE.

Institution of Structural Engineers (1969): *Aims of Structural Design,* Londres, ISTRUCTE.

Ironbridge Gorge Museum Trust (1979): *The Iron Bridge: A Short History of the First Iron Bridge in the World,* Coalbrookdale, Shropshire, Ironbridge Gorge Museum Trust.

Johnston, Bruce G. (1965): «An Awareness of Reality», *Civil Engineering,* enero, 58-59.

Kaminetzky, D. (1991): *Design and Construction Failures: Lessons from Forensic Investigations,* Nueva York, McGraw-Hill.

Knoll, F. (1982): «Human Error in the Building Process - A Research Proposal», *IABSE Journal,* J-17/82, 35-50.

— (1984): «Modelling Gross Errors - Some Practical Considerations», en *Risk, Structural Engineering and Human Error.* Editado por M. Grigoriu, Waterloo, Ontario, University of Waterloo Press, 139-161.

— (1986): «Checking Techniques», en *Modelling Human Error in Structural Design and Construction*. Editado por A. S. Nowak, Nueva York, American Society of Civil Engineers, 26-42.

Koerte, A. (1992): *Two Railway Bridges of an Era: Firth of Forth and Firth of Tay,* Basel, Birkhäuser.

Kuesel, T. R. (1990): «Whatever Happened to Long-Term Bridge Design?», *Civil Engineering,* febrero, 57-60.

Kuhn, Thomas S. (1962): *The Structure of Scientific Revolutions,* Chicago, University of Chicago Press.

Landels, J. G. (1978): *Engineering in the Ancient World,* Berkeley, University of California Press.

Larsen, E. (1969): *A History of Invention,* Londres, J. M. Dent & Sons.

Leonhardt, F. (1984): *Bridges: Aesthetics and Design,* Cambridge, Massachussets, MIT Press.

Levy, M. y Salvadori, M. (1992): *Why Buildings Fall Down: How Structures Fail,* Nueva York, Norton.

Lind, N. C. (1983): «Models of Human Error in Structural Reliability», *Structural Safety,* 1, 167-175.

— (1986): «Control of Human Error in Structures», en *Modelling Human Error in Structural Design and Construction*. Editado por A. S. Nowak, Nueva York, American Society of Civil Engineers, 122-127.

Lindenthal, G. (1922): «The Continuous Truss Bridge over the Ohio River at Sciotoville, Ohio, of the Chesapeake and Ohio Northern Railway», con debate añadido. *Transactions of the American Society of Civil Engineers,* 85, 910-975.

Mainstone, R. (1977): «The Uses of History», *Architectural Science Review,* junio, 30-34.

Mark, H. (1987): *The Space Station: A Personal Journey,* Durham, North Carolina, Duke University Press.

Marlin, W. (1977): «Some Reflections on the John Hancock Tower», *Architectural Record,* junio, 117-126.

Marshall, R. D. *et al.* (1982): *Investigation of the Kansas City Hyatt Regency Walkways Collapse,* Informe del U.S. Department of Commerce, National Bureau of Standards, NBSIR 82-2465.

Matousek, M. (1983): «Control Measures and Their Application», *Proceedings of the IABSE Workshop,* Rigi, 161-164.

McCullough, D. (1972): *The Great Bridge,* Nueva York, Simon and Schuster.

Melchers, R. E. (1976): *Studies of Civil Engineering Failures: A Review and Classification,* Monash University, Civil Engineering Research Report n.º 6/1976.

— (1984): *Human Error in Structural Reliability – II: Review of Mathematical Models*, Monash University, Civil Engineering Research Report n.° 3/1984.

— (1987): *Structural Reliability: Analysis and Prediction*, Chichester, West Sussex, Ellis Horwood.

Melchers, R. E. y Harrington, M.V. (1984): *Human Error in Structural Reliability - I: Investigation of Typical Design Tasks*, Monash University, Civil Engineering Research Report n.° 2/1984.

Melchers, R. E. y Stewart, M. E. (1985): «Data-Based Models for Human Error in Design», *Proceedings of the Fourth International Conference on Structural Safety and Reliability*, II-51- II-60.

Melchers, R. E.; Baker, M. J. y Moses, F. (1983): «Evaluation of Experience», *Proceedings of the IABSE Workshop*, Rigi, 21-38.

Moore, W. P., Jr. (1984): «Structural Strength and Safety - The Profession at a Crossroad», *Concrete International*, octubre, 42-45.

National Aeronautics and Space Administration (1990): *The Hubble Space Telescope Optical Systems Failure Report*. NASA TM-103443, noviembre.

Navier, C. L. M. H. (1823): *Rapport à Monsieur Becquey...; et Mémoire sur les ponts suspendus*, París.

Nessim, M. A. y Jordaan, I. J. (1985): «Models for Human Error in Structural Reliability», *Journal of Structural Engineering*, III, 1358-1376.

Newcomen Society (1976): «The Value of Engineering History to the Engineer: An Open Discussion», *Transactions of the Newcomen Society*, 47, 225-226.

Norman, Donald A. (1990): *The Psychology of Everyday Things*, Nueva York, Doubleday. Reprinted in paperback as *The Design of Everyday Things*, 1988, Nueva York, Doubleday [trad. cast.: *La psicología de los objetos cotidianos*, Madrid, Nerea, 1990]

Nowak, A. S., (ed.) (1979): «Effect of Human Error on Structural Safety», *ACI Journal*, 76, 959-972.

— (1986): *Modelling Human Error in Structural Design and Construction: Proceedings of a Workshop*, Nueva York, American Society of Civil Engineers.

Nowak, A. S. y Carr, R. I. (1985a): «Classification of Human Errors», en *Structural Safety Studies*. Editado por J. T. P. Yao *et al.*, Nueva York, American Society of Civil Engineers, 1-10.

— (1985b): «Sensitivity Analysis for Structural Errors», *Journal of Structural Engineering*, III, 1734-1746.

Nowak, A. S. y Tabsh, S. W. (1988): «Modelling Human Error in Structural Design», *Forensic Engineering*, 1, 233-241.

O'Neill, B. (1991): «Bridge Design Stretched to the Limits», *New Scientist*, octubre, 26, 36-43.

Pannell, J. P. M. (1977): *Man the Builder: An Illustrated History of Civil Engineering*, Nueva York, Crescent Books.

Pasley, C.W. (1842): «Description of the State of the Suspension Bridge at Montrose, After It Had Been Rendered Impassable by the Hurricane of the 11th of October, 1838; with Remarks on the Construction of that and other Suspension Bridges, in Reference to the Action of Violent Gales of Wind», *Transactions of the Institution of Civil Engineers,* 3, 219-227.

Paxton, R.A. (1979): «Menai Bridge 1818-26: Evolution of Design», *Transactions of the Newcomen Society,* 49, 27-110.

Paxton, R.A. (ed.) (1990): *100 Years of the Forth Bridge,* Londres, Thomas Telford.

Pechter, K. (1989): «Why the Holes in R & D?», *Across the Board,* septiembre, 32-36.

Peck, Ralph B. (1969): «A Man of Judgement». Second R. P. Davis Lecture on the Practice of Engineering, Universidad de West Virginia.

— (1981): «Where Has All the Judgement Gone?», Norges Geotekniske Institutt, *Publikasjon* n.° 134.

Penfold, A. (ed.) (1980): *Thomas Telford: Engineer,* Proceedings of a Seminar..., Ironbridge, abril 1979, Londres, Thomas Telford.

Petroski, H. (1985): *To Engineer Is Human: The Role of Failure in Successful Design,* Nueva York, St. Martin's Press [trad. cast.: *La ingeniería es humana: la importancia del fallo en el éxito del diseño,* Madrid, Cinter divulgación técnica, 2008]

— (1987a): «Design as Obviating Failure», en *Plenary and Interdisciplinary Lectures of the 1987 International Congress on Planning and Design Theory.* Editado por Gerald Nadler, Nueva York, American Society of Mechanical Engineers, 49-53.

— (1987b): «On the Fracture of Pencil Points», *Journal of Applied Mechanics,* 54, 730-733.

— (1988): «Engineering Failures and Professional Responsibility», *Forensic Engineering,* 1, 149-152.

— (1989a): «Design Errors as Causes of Failures: Their Reduction Through the Use of Case Histories», *Proceedings of the International Conference on Case Histories in Structural Failures,* Singapore, D-22-D-30.

— (1989b): «Failure as a Unifying Theme in Design», *Design Studies,* 10, 214-218.

— (1990): *The Pencil: A History of Design and Circumstance,* Nueva York, Alfred A. Knopf.

— (1991a): «On the Backs of Envelopes», *American Scientist,* enero-febrero, 15-17.

— (1991b): «Good Drawings and Bad Dreams», *American Scientist,* marzo-abril, 104-107.

— (1991c): «In Context», *American Scientist,* mayo-junio, 202-204.

— (1991d): «Still Twisting», *American Scientist,* septiembre-octubre, 398-401.

— (1992a): «Isambard Kingdom Brunel», *American Scientist,* enero-febrero, 15-19.

— (1992b): «Making Sure», *American Scientist,* marzo-abril, 121-124.

— (1992c): «The Britannia Tubular Bridge», *American Scientist,* mayo-junio, 220-224.

— (1992d): «The Evolution of Artifacts», *American Scientist,* septiembre-octubre, 416-420.

— (1992e): «History and Failure», *American Scientist,* noviembre-diciembre, 523-526.

— (1992f): *The Evolution of Useful Things,* Nueva York, Alfred A. Knopf.

— (1993): «Predicting Disaster», *American Scientist,* marzo-abril, 110-113.

Petroski, H. (ed.) (1992g): «Design in a Human Context», *Research in Engineering Design,* vol. 4, n.° 1.

Picon, A. (1988): «Navier and the Introduction of Suspension Bridges in France», *Construction History,* 4, 21-34.

Podolny, W., Jr. (1992): «Cable-stayed Bridges: Future Developments», Presentado en la American Society of Civil Engineers Annual Convention, Nueva York, septiembre, 13-17.

Potter, I. M. D. (1981): «Avoidance of Error in Design Processes», en *Structural Failures in Buildings,* Londres, Institution of Structural Engineers.

Prebble, J. (1975): *The High Girders,* Londres, Book Club Associates.

Provis, W. A. (1842): «Observations on the Effects of Wind on the Suspension Bridge over the Menai Strait, more Especially as Relates to the Injuries Sustained by the Roadways during the Storm of January, 1839; together with brief Notices of Various Suggestions for Repairing the Structure», *Transactions of the Institution of Civil Engineers,* 3, 357-370.

Pugsley, Sir Alfred (1968): *The Theory of Suspension Bridges,* Londres, Edward Arnold.

Pugsley, Sir Alfred (ed.) (1976): *The Works of Isambard Kingdom Brunel: An Engineering Appreciation,* Londres, Institution of Civil Engineers.

Pugsley, A.; Mainstone, R. J. y Sutherland, R. J. M. (1974): «The Relevance of History», *The Structural Engineer,* 52, 441-445. (Ver también, vol. 53, 387-398.)

Rankine, W. J. M. (1856): *Introductory Lecture on the Harmony of Theory and Practice in Mechanics,* Londres, Richard Griffin.

Rendel, J. M. (1841): «Memoir on the Montrose Suspension Bridge», *Minutes of Proceedings,* Institution of Civil Engineers, vol. 1, 122-127.

Richards, K. G. (1971): *Brittle Fracture of Welded Structures,* Abington, Cambridgeshire, The Welding Institute.

Roddis, W. M. K. (1993): «Structural Failures and Engineering Ethics», *Journal of Structural Engineering,* 119, 1539-1555.

Roebling, John A. (1841): «Remarks on Suspension Bridges, and on the Comparative Merits of Cable and Chain Bridges», *American Railroad Journal and Mechanics' Magazine,* 6 (n.s.), 193-196.

— (1855): *Final Report to the Presidents and Directors of the Niagara Falls Suspension and Niagara Falls International Bridge Companies,* Rochester, Nueva York, Lee, Mann.

— (1867): *Annual Report of the President and Directors to the Stockholders of the Covington and Cincinnati Bridge Company for the Year Ending Feb. 28th, 1867,* Trenton, Nueva Jersey, Murphy & Bechtel.

— (1870): *Report to the President and Directors of the New York Bridge Company, on the Proposed East River Bridge,* Brooklyn, Daily Eagle Print.

[Roebling, W. A.] (1877): *Report of the Chief Engineer of the New York & Brooklyn Bridge, January 1, 1877,* Brooklyn, Eagle Print.

Rolt, L. T. C. (1970): *Isambard Kingdom Brunel,* Harmondsworth, Middlesex, Penguin Books.

Rosenberg, N. y Vincenti, W. G. (1978): *The Britannia Bridge: The Generation and Diffusion of Technological Knowledge,* Cambridge, Massachussets, MIT Press.

Rosenthal, A. (1989): «Trident 2 Failures Laid to Early Success», *The New York Times,* 18 de agosto.

Ross, S. S. (1984): *Construction Disasters: Design Failures, Causes, and Prevention,* Nueva York, McGraw-Hill.

Russell, J. S. (1839): «On the Vibration of Suspension Bridges and Other Structures; and the Means of Preventing Injury from this Cause», *Transactions, Royal Scottish Society of Arts,* 1, 304-314.

— (1864): *The Modern System of Naval Architecture,* Londres, Day and Son, 1864-1865.

Santamarina, J. C., y J. L. Chameau (1989): «Limitations in Decision Making and System Performance», *Journal of Performance of Constructed Facilities,* 3, 78-86.

Shipway, J. S. (1990): «The Forth Railway Bridge Centenary 1890-1990: Some Notes on Its Design», *Proceedings of the Institution of Civil Engineers,* 88, Parte 1, 1079-1107.

Shirley-Smith, Sir H. (1976): «Royal Albert Bridge, Saltash», en *The Works of Isambard Kingdom Brunel: An Engineering Appreciation.* Editado por Sir Alfred Pugsley, Londres, Institution of Civil Engineers.

Shute, N. (1954): *Slide-Rule: The Autobiography of an Engineer,* Nueva York, Ballantine Books.

Sibly, P. G. (1977): «The Prediction of Structural Failure», tesis, Universidad de Londres.

Sibly, P. G. y Walker, A. C. (1977): «Structural Accidents and Their Causes», *Proceedings of the Institution of Civil Engineers,* 62, 191-208.

Singh, C. J. (1976): *Bibliography of Structural Failures, 1850-1970,* Garston, England, Building Research Establishment.

Smiles, S. (1904): *Lives of the Engineers,* Londres, John Murray, cinco volúmenes.

Spector, A. y Gifford, D. (1986): «A Computer Science Perspective on Bridge Design», *Communications of the ACM,* 29, 268-283.

Squires, A. M. (1986): *The Tender Ship: Governmental Management of Technological Change,* Boston, Birkhaüser.

Stauffer, L. A. (1987): «An Empirical Study on the Process of Mechanical Design», tesis, Universidad estatal de Oregon.

Stauffer, L. A., y D. G. Ullman (1988): «A Comparison of the Results of Empirical Studies into the Mechanical Design Process», *Design Studies,* 9, 107-114.

Steinman, D. B. (1950): *The Builders of the Bridge: The Story of John Roebling and His Son,* Nueva York, Harcourt, Brace.

Stewart, M. G. (1987): «Control of Human Errors in Engineering Design», tesis, Universidad de Newcastle, New South Wales, Australia.

Stewart, M. G. y Melchers, R. E. (1987): «Human Error in Structural Reliability - VI: Overview Checking», Informe del Department of Civil Engineering and Surveying, University of Newcastle, New South Wales, Australia.

— (1989): «Checking Models in Structural Design», *Journal of Structural Engineering,* 115, 1309-1324.

Straub, H. (1949): *A History of Civil Engineering: An Outline from Ancient to Modern Times.* Traducido por Erwin Rockwell, 1952, Cambridge, Massachussets, MIT Press.

Sullivan, W. (1986): «Divers Report No Hull Gash in the Titanic», *The New York Times,* 31 de julio, A1, A16.

Takena, K., *et al.* (1992): «Fatigue Resistance of Large-Diameter Cable for Cable-Stayed Bridges», *Journal of Structural Engineering,* 118, 701-715.

Thomson, George H. (1888): «American Bridge Failures: Mechanical Pathology, Considered in Its Relation to Bridge Design», *Engineering,* septiembre, 14, 252-253; septiembre, 21, 294.

Timoshenko, Stephen P. (1953): *History of Strength of Materials: With a Brief Account of the History of Theory of Elasticity and Theory of Structures,* Nueva York, McGraw-Hill.

Todhunter, I. y Pearson, K. [1886] (1960): *A History of the Theory of Elasticity and of the Strength of Malerials from Galilei to Lord Kelvin,* Nueva York, Dover, vol. 1.

Tuchman, Janice L. (1987): «Man of the Year: John W. Fisher», *ENR,* febrero, 19, 40-50.

Turner, R. y Goulden, S. L. (eds.) (1981): *Great Engineers and Pioneers in Technology,* Nueva York, St. Martin's Press, vol. 1.

Ullman, D. G.; Dietterich, T. G. y Stauffer, L. A. (1988): «A Model of the Mechanical Design Process Based on Empirical Data: A Summary», en *Artificial Intelligence in Engineering: Design.* Editado por J. S. Gero, Amsterdam, Elsevier, 193-215.

Ullman, D. G.; Stauffer, L. A. y Dietterich, T. G. (1987): «Toward Expert CAD», *Computers in Mechanical Engineering,* diciembre, 56-70.

U.S. House of Representatives, Committee on Science and Technology (1984): *Structural Failures in Public Facilities,* informe 98-621, Washington D.C., Government Printing Office.

U.S. Presidential Commission (1986): *Report to the President on the Space Shuttle Challenger Accident,* Washington D.C., Government Printing Office.

Vaughan, A. (1991): *Isambard Kingdom Brunel: Engineering Knight Errant,* Londres, John Murray.

Vincenti, Walter G. (1990): *What Engineers Know and How They Know It: Historical Studies in the Nature and Sources of Engineering Knowledge,* Baltimore, Johns Hopkins University Press.

Vincenti, Walter G. y McGinn, R. E. (co-directores) (1992): «The History of Engineering for Engineering Students: A Challenge for Engineering Education», Informe presentado en la Conferencia de Stanford, California: Program in Values, Technology, Science, and Society and School of Engineering, Stanford University.

Vitruvio [s. I a. C] (1960): *The Ten Books on Architecture.* Traducido por M. H. Morgan, 1914. Nueva York, Dover [trad. cast. *Diez libros de arquitectura,* Madrid, Akal, 1992]

Waldron, K. J. y Waldron, M. B. (1987): «A Retrospective Study of a Complex Mechanical System Design», Oakland, California, NSF Workshop on Design Theory and Methodology.

Waldron, M. B.; Waldron, K. J. y Owen, D. H. (1988): «Use of Systematic Theory to Represent the Conceptual Mechanical Design Process», *Design Theory '88.* Textos prelimimares del seminario NSF Grantee Workshop on Design Theory and Methodology, Rensselaer Polytechnic Institute.

Walker, A. C. (1981): «Study and Analysis of the First 120 Failure Cases», en *Structural Failures in Buildings,* Londres, Institution of Structural Engineers, 75-83.

— (1982): «History as a Predictor», *Proceedings of an IABSE (British Group) Colloquium on History of Structures,* Cambridge, 75-83.

Walker, J. (1979): «The Amateur Scientist», *Scientific American,* febrero, 158, 160, 162-166. Véase también, noviembre, 202-204.

Wang, J. y Howard, H. C. (1988): «Design-Dependent Knowledge for Structural Engineering Design», en *Artificial Intelligence in Engineering: Design.* Editado por J. S. Gero, Amsterdam, Elsevier, 267-277.

Watson, J. G. (1988): *The Civils: The Story of the Institution of Civil Engineers,* Londres, Thomas Telford.

Westhofen, W. (1890): «The Forth Bridge», *Engineering,* febrero, 28, 213-283.

Whyte, R. R. (ed.) (1975): *Engineering Progress Through Trouble,* Londres, Institution of Mechanical Engineers.

Williams, E. (1957): «Some Observations of Leonardo, Galileo, Mariotte and Others Relative to Size Effect», *Annals of Science,* 13, 23-29.

Woodward, C. M. (1881): *A History of the St. Louis Bridge,* St. Louis: Polytechnic School, Universidad de Washington.

Zetlin, L. (1988): «Compilation of Lectures Presented at Various National Conventions, Conferences, Seminars», West Palm Beach, Florida, Zetlin-Argo Structural Investigations.

Zetlin, L., Associates (1978): *Report of the Engineering Investigation Concerning the Causes of Collapse of the Hartford Coliseum Space Truss Roof on January* 18, *1978,* Nueva York, Lev Zetlin Associates.

Índice onomástico y temático

Los números de páginas en *cursivas* indican figuras, ilustraciones o tablas

Índice general

Paradigmas de diseño
ha sido compuesto
en tipografía Bembo.
Se imprimió en papel y cartulina ecológicos
en Loeches
en el mes de agosto de 2009.

Lo más difícil de aprender en la vida es qué puente hay que cruzar y qué puente hay que quemar.
Bertrand Russell